谨以此书献给我的父亲、母亲。

文明的演化

——基于三种生产四种关系框架的迈向生态文明时代的理论、案例和预见研究（第二卷）

甘　晖　著

科　学　出　版　社

北　京

内 容 简 介

本卷和第一卷一起构建了环境社会系统发展学的框架——三种生产四种关系的框架。本卷论证了在文明史中人与自然的关系被分化为人与天的关系和人与物的关系；引入人与自身的关系，加上人与人的关系，共四种关系。将四种关系和三种生产结合起来，共同构成了环境社会系统发展学的框架。

本卷围绕这一框架开展了理论研究，提出了环境社会系统发展学的理性假设——综合理性；讨论了文明变迁中四种关系的共同演化，提出了实现生态文明社会应该完成的工作，指出"人与自身的关系"的满足是文明稳定与发展的核心动机要素，"四关畅达"是实现生态文明社会的必要条件；用文本分析的方法论证了三种生产四种关系的框架是符合马克思恩格斯生态思想的框架；总结了国际上主要可持续发展框架的研究进展。

本卷运用这一框架进行了案例分析，得到了以下结论。在中国古代，各个阶层的人的五层次需要都得到足够好的满足，所以，人心通常不思变，社会心理比较稳定，这是理解李约瑟问题的核心，也是超稳定结构中"稳定"的根由；朝代更替的重要原因有两个，一是马尔萨斯陷阱，二是皇室和富人阶层的高生育率与等级社会必然提高社会的不平等程度。2012 年前后，我国公众的核心需要已经从温饱转变到安全感。日本的节能实践背后的动机结构是基于"不安全感+极致是美+集团意识"这三大原则的。

本书适合文化研究者或爱好者、环境管理工作者、研究者和有志于可持续发展的行动者阅读，也可以作为研究生课程、本科生通选课的教材或参考书。

图书在版编目（CIP）数据

文明的演化：基于三种生产四种关系框架的迈向生态文明时代的理论、案例和预见研究. 第二卷/甘晖著. —北京：科学出版社，2018.1

ISBN 978-7-03-054182-6

Ⅰ.①文…　Ⅱ.①甘…　Ⅲ.①环境社会学-研究　Ⅳ.①X24

中国版本图书馆 CIP 数据核字（2017）第 199145 号

责任编辑：许　健　白　丹 / 责任校对：王萌萌
责任印制：谭宏宇 / 封面设计：殷　靓

科 学 出 版 社 出版
北京东黄城根北街 16 号
邮政编码：100717
http://www.sciencep.com
虎彩印艺股份有限公司印刷
科学出版社发行　各地新华书店经销
*
2018 年 1 月第 一 版　开本：B5（720×1000）
2018 年 10 月第二次印刷　印张：12 1/4
字数：247 000
定价：86.00 元
（如有印装质量问题，我社负责调换）

序

终于见到此卷成稿，我十分欣慰。环境社会系统发展学作为新事物，可能会面对各种意见，包括批评、质疑、诘难、否定、补充和完善。人类的认识总是在不同认识的碰撞和激荡中深化的，我们对人类社会发展规律的认识也是如此。

我在 20 世纪 70 年代初，从空气动力学领域转向环境科学领域从事研究工作。按照习惯的思维方式，我总是在探索环境问题产生的根本原因、决定性的因素，以及寻找从根本上消除环境问题的途径、方法和技术等，追根穷源、锲而不舍。在多年的思考、实践和探索过程中，我慢慢地有所领悟，也陆续将自己的领悟用文章、报告和接受访谈的形式表述出来。回过头看，其数量虽有不少，但还是比较零乱，比较碎片化。

几十年来，我的一些看法和认识影响了一些朋友、同事和我的研究生，他（她）们和我一起在探寻。

甘晖同志是我的博士研究生，他是个有心人，在读博士学位期间及毕业以后，他一直在认真阅读我的这些文章和报告，努力在这些文章和报告中梳理我的思想和思路，努力地在发挥和拓展我（们）的思想。在他的不懈努力下，在多方帮助下，他于 2015 年完成了该书第一卷，现在又完成了第二卷。两卷书前后历时约12 年，滴水穿石，对于一位年轻人来说殊为不易。

我们的思索仍在继续，不会就此止步。特别是中共十八大以来，中共中央将生态文明建设确定为国家发展战略，或者说是"国家意志"，这与我们多年研究所得的结论是完全一致的。我认为，这是人类社会发展史上的一次根本性变革，甚至可以说是"革命"。从理论角度看，这是观念的创新。作为学者，我们的任务则是要为这一"创新"奠定坚实的理论基础。与此同时，我们还应对实现这一目标的具体路径进行艰苦的探索，我们可以把这一探索称为途径的创新、模式的创新或道路的创新。我认为，在观念创新的引领下，辅之以模式的创新，就必然会催生出无穷无尽的技术创新。我将其称为"三创新联动"。

该书第一卷第三章指出，生态文明建设的具体目标和行动准则是"三生共赢"。"三生共赢"的核心是保护自然生态环境必须能使物资生产的效益得到最大化，必须能有力地促进"共同富裕"，否则生态文明建设只能沦为"标签"。第二卷第三章认为，实现生态文明社会的必要条件是"四关畅达"。我认为，将"三生共赢""三创新联动"和"四关畅达"结合起来，建设中国特色社会主义生态文明新时代的梦想就一定会实现，中华民族伟大复兴的梦想就一定会实现。

　　梅花香自苦寒来。我希望，甘晖同志的这本书能引起思者、治者和行者的关注和思考，能对三者的"协同整合"发挥一些正向作用。

谨识于北京大学中关园

2017 年 6 月

前　言①

从叶文虎先生、陈国谦教授 1997 年正式发表《三种生产论：可持续发展的基本理论》至今，历时 20 年了。经过长期的努力，环境社会系统发展学及基于三种生产四种关系的框架已经成形，这些研究丰富并发展了可持续发展理论，并有望为生态文明建设服务。现在，把这些内容整理成第一卷和第二卷，先后出版，以飨读者。考虑到内容的开放性，今后可能还有第三卷等，所以称之为第一卷、第二卷。

这两本书以三种生产四种关系的框架为"梳子"，对以往的工作作了大量的梳理，且有所发挥、拓展和运用，包括一些从未正式发表过的内容。粗略地统计一下，叶文虎先生及其研究团队发表的论文、接受采访的访谈大约有 80 万字，主编的书籍也有百万多字。这么多的文字，应该是不方便读者阅读的，所以我萌生了将其整理成一两本篇幅不太长的书的想法。单是梳理的工作就断断续续做了 3 年多，可以说带有二次创作的意味。希望这些努力能有益于读者更好地理解环境社会系统发展学及三种生产四种关系的框架。

本书第一卷已经于 2015 年出版，第一卷有两大主旨。

其主旨之一是阐明环境社会系统发展学的基础内容。要想从根本上解决环境问题，需要将环境与社会作为一个整体来研究，由此可以建立一个新的交叉性学科，我们称之为环境社会系统发展学。环境社会系统发展学的核心内容是环境社会系统中的物质流（含能量流）和"意识流"（含信息流）。

其主旨之二是第一卷和第二卷一起构建一个符合马克思恩格斯生态思想、兼容东西方文明优秀成果的可持续发展框架，我们称之为三种生产四种关系的框架。国际可持续发展研究圈普遍认为，需要一个框架来"黏接""盛放"各种观念、知识。已经有了一些框架，但就我们所知，尚未见到其他符合以上两个条件的框架。

所谓框架，诺贝尔经济学奖得主 Elinor Ostrom 在 2011 年发表的一篇论文中认为塔建框架的主要工作是，把研究对象划分成若干个子系统，并阐明子系统之间的关系。叶文虎先生于 1997 年正式把环境社会系统划分为三个子系统。2008年，我们又论证了环境社会系统中存在的四种基本关系。按 Elinor Ostrom 的观点，三种生产四种关系构成了一个框架。为什么把环境社会系统划分为三种生产三个

---

① 因为两卷研究的连续性，所以本前言的部分内容摘自第一卷前言。

子系统而不是更多或更少呢？这主要是因为如果子系统太多环境社会系统的宏观性质容易被"淹没"，子系统太少研究又容易陷入"混沌未分"的境地。三种生产三个子系统，相互间的关系既宏观又丰富。叶文虎先生及其团队用这个框架做了一些工作，重点之一是文明演化、不同文明时代、中国古代文明的特征，这就是本书主标题的由来。

第二卷在第一卷的基础上，深化"意识流"研究，"端出"了环境社会系统发展学的框架——三种生产四种关系的框架。围绕这一框架，作者开展了理性假设、共同演化、与马克思恩格斯生态思想的关系、国际可持续发展框架研究进展等方面的研究；进行了中国古代文明、李约瑟问题、超稳定结构、当代中国的社会心理、日本的节能实践等案例分析。

第二卷具体分为九章和三个附录，各章或附录的内容大体如下。

第一章论证了环境社会系统中存在四种基本关系，并将其和三种生产结合起来形成三种生产四种关系的框架。首先，剖析了以往的研究。以往的研究认为，文明的演化有两大驱动力，一个是人与人的关系，另一个是人与自然的关系。这两大关系都包括两个方面，一方面是物质性的相互影响与制约作用，另一方面是意识及其能动作用。其次，在此基础上明确提出，在文明史中，人与自然的关系实际上分化为"人与天的关系"和"人与物的关系"。"人与物的关系"是指以分析性的思路处理人与自然的相互作用，以及在此基础上形成的知识与观念；其哲学基础的典型代表是主客恶性二分的机械唯物论。"人与天的关系"是指以整体性的视角对待人与自然的相互作用，并在此基础上形成的知识和观念；其哲学基础的典型代表是中国古代的主客交融的天人合一观。应该说明的是，这两种关系都是理想型。这两种关系加上"人与人的关系"，共有三种关系。接着，引入了"人与自身"的关系，它是指在一定的物质与社会环境下，人对自身存在的意义与生活方式的认识（包含意识和本能）及其对物质与社会环境的反作用。这样就可以把前及的三种关系的宏观构架和微观基础联系起来。再次，将四种关系和三种生产论有机地结合为环境社会系统发展学的框架。最后，通过穷举而后排除冗余或不必要的关系的方法，论证了四种关系是环境社会系统中的基本关系。

第二章建立了三种生产四种关系框架中的理性假设。理性假设可以把系统的宏观表现和个体的微观行为联系起来，从而把理论坐落在微观的、个体的基础上。在比较了经济理性、政治理性、生态理性、复杂演化经济学理性等假设之后，提出了基于四种基本关系的"环境社会系统理性假设"，简称为"综合理性"。综合理性是指在决策判断过程中，个体或组织会有意无意地考虑人与自身关系的 5 个层次的需要，每个层次又会考虑到其他三种关系，这样共有 15 种子需要；并希冀所有子需要的总效用最优化。综合理性是有限的、具有层次性的、社会性的、动态的、并非完全指向物质的、共同演化的。它是在环境社会系统中带有普遍联系性质的理性。行为主体在考虑四种关系的时候，可能是自觉的，也可能是不自觉的。这种考虑可能体现在四种关系及其交互作用上，也可能主要体现在一种、两种或三种关系及其交互作用上。

第三章讨论了文明变迁中四种关系的共同演化，系统提出了实现生态文明社会应该完成的工作，指出"人与自身的关系"的满足是文明稳定与发展的核心动机要素，"四关畅达"是实现生态文明社会的必要条件；总结并在一定程度上拓展了人的绿色化、经济绿色化、经济人性化等观点；明确提出了自我实现的绿色化是实现生态文明的微观基础和必由之路。

为方便读者阅读，第四章简要地总结了三种生产四种关系框架的核心观点。

第五章主要用文本分析的方法论证了三种生产四种关系的框架是符合马克思恩格斯生态思想的框架：三种生产是马克思恩格斯生态思想的题中应有之义；新陈代谢的断裂主要是三种生产中三个子系统之间联系的断裂；四种关系是符合马克思恩格斯生态思想的；四种基本关系中意识及其能动作用的一面，即精神生产或构成精神生产的主要内容；马克思恩格斯有丰富的关于环境社会系统模式、特征的论述。

第六章总结了国际上主要可持续发展框架的研究进展和国际上环境社会系统其他方面的主要研究进展。

第七章分析了中国古代文明中的四种关系。在中国古代，各个阶层的人的五层次需要都得到了足够好的满足，所以，人心通常不思变，社会心理比较稳定，这是理解李约瑟问题的核心，也是超稳定结构中"稳定"的根由。作者对超稳定结构中的循环的缘由作了两点补充：一是马尔萨斯陷阱，二是定量论证了皇室和富人阶层的高生育率与等级社会必然提高社会的不平等程度。

第八章通过文本分析和实证分析，论证了 2012 年前后，中国公众的核心需要已经从温饱变迁到安全感，让公众有持续"中国梦"实现感的关键是优先满足有关公众安全感的领域。

第九章应用四种关系分析了日本的节能实践背后的动机结构，认为日本的节能实践背后的动机结构是基于"不安全感+极致是美+集团意识"这三大原则的。

附录 I 是与"皇室和富人阶层的高生育率与等级社会必然提高社会的不平等程度"有关的推演、数据、分析。

附录 II 使用三种生产四种关系框架对福建的情况进行宏观视角的分析，提出长期发展的一些初步看法，主要是，福州和厦门最大的差别在于厦门大学，建议在福州或宁德，通过国际合作办学形式建立国际一流大学或职业技术教育学院，有利于进一步提高当地教育水平，产生科技辐射、文化辐射，有利于进一步提高福建中、北部的软实力。

附录 III 对环境社会系统发展学的一些根本性的研究方法进行了探讨。

由于本书涉及环境科学、马克思主义理论、经济学、政治学、社会学、系统科学等学科，所以对一些入门知识作了简要的介绍。熟悉这些知识的读者可以直接跳过。

另外，为减少乃至避免跨领域研究，也就是俗称的"跨界"研究可能导致的内容可靠性问题，笔者采取了以下主要措施：第一，主要的观点或论据都有文献、实证事实或数据支撑；第二，注重运用逻辑工具，包括归纳逻辑和演绎逻辑；第三，请多位相关领域的研究者审阅本书全部或部分文稿。

为方便读者阅读，本书各章节的独立性较强，并在一些位置添加了导读信息。第七章和第九章是中国古代文明和日本节能实践的案例分析，感兴趣的读者可能会多一些。值得注意的是，读第七章或第九章前并不需要读完前面所有章节，而只要读完第一章的大部分内容或第四章即可。

感谢博士论文导师叶文虎先生的指导和帮助。先生审阅了本书全稿并提出了中肯的修改意见。

感谢博士后合作导师李建平先生的指导和帮助。先生审阅了本书的大部分内容，并提出了中肯的建议。

感谢华中科技大学涂又光教授。涂教授审阅了本书的部分内容，并提出了中肯的建议。

感谢中国人民大学张象枢教授，北京大学栾胜基教授和宋豫秦教授，日本早稻田大学吉田德久教授和原刚教授，四川大学邓玲教授，福建师范大学李闽榕教授、廖福霖教授、陈永森教授、张华荣教授和黄茂兴教授提出的宝贵意见或提供的帮助。感谢王奇博士、林红女士、邓文碧博士、陈剑澜博士、向虎博士、韩凌博士、夏成博士、万劲波博士、雷洪德博士、陈鹏博士、孟祥凤博士、许召清博士、洪浩博士、曹曼博士、宋波博士、张勇博士、昌敦虎博士、王会博士、季秀华女士、冯新玲博士提出的宝贵意见或提供的帮助。感谢刘佳帮助录入、校对了部分内容，感谢阮鲤萍、杨燕燕、戚会民等帮助校对了全稿。

本书的完成离不开研究团队以前的工作。感谢大家！由于引文中已经涉及这些工作，所以不再一一说明。

感谢（多年来）给予支持帮助的机构、领导、友人、同事、亲属。

由于内容跨度大，加上成稿时间跨度也大，本书难免有疏漏和不足之处，敬请读者包涵、指正。

甘　晖

2017 年 6 月

目　　录

第一章　从两种关系到四种关系及三种生产四种关系的框架[①②③④]

在第一卷中，作者阐明了三种生产论和驱动文明演化的两大关系。在本章中，作者将论证引入另外两种关系的合理性与必要性，再将四种关系与三种生产结合起来，形成一个可持续发展的框架。

关于框架，Ostrom 在 2011 年的一篇文献中认为，框架确定系统中的元素及各元素之间的主要关系；框架是跨学科的，可以和多种理论兼容，并且必须把涉及同类现象的所有理论都包含进来；框架在理论之上，可以用来比较理论。[⑤]在本书中，按 Ostrom 的提法使用"框架"这个词，但使用"理论"这个词时，除非特别说明，也可以包括"框架"在内。

三种生产将世界系统分成 3 个子系统，[⑥]四种关系论证了 3 个子系统之间（中）的基本关系。[⑦]这种划分、关系及结构可以兼容理论并用来研究案例，符合 Ostrom 对框架的说明。[⑧]因此，我们借用 Ostrom 的观点，将这种划分、关系及结构看作一个框架，称为三种生产四种关系的框架。

三种生产四种关系的框架内容比较庞杂，整本书都可以说是在阐述、论证三种生产四种关系的框架与运用。因此，为了便于阅读、避免混沌不分，在本章中，作者先把主要观点呈现出来，再辅以一些从学术视角来看十分必要的说明，这样

---

① 叶文虎, 宋豫秦. 从"两条主线论"考察中国文明进程[J]. 中国人口·资源与环境, 2002, 12（2）: 1-4.

② 甘晖. 环境社会系统中的四种基本关系研究[D]. 北京大学博士论文, 2009.

③ 甘晖, 叶文虎. 生态文明建设的基本关系: 环境社会系统中的四种关系论[J]. 中国人口·资源与环境, 2008, 18（6）: 7-11.

④ 甘晖, 叶文虎. 再论生态文明建设/环境社会系统的四种基本关系[J]. 中国人口·资源与环境, 2011, 21（6）: 118-124.

⑤ Ostrom E. Background on the institutional analysis and development framework[J]. Policy Studies Journal, 2011, 39（1）: 7-27.

圄于有限的文献, 未发现 Ostrom 在 2011 年之前有提出过"框架确定系统中的元素及其元素之间的主要关系"的说法; 读者若发现相关文献, 盼请告知。

⑥ 叶文虎, 陈国谦. 三种生产论: 可持续发展的基本理论[J]. 中国人口·资源与环境, 1997, 7（2）: 14-18.

⑦ 甘晖, 叶文虎. 生态文明建设的基本关系: 环境社会系统中的四种关系论[J]. 中国人口·资源与环境, 2008, 18（6）: 7-11.

⑧ Ostrom E. Background on the institutional analysis and development framework[J]. Policy Studies Journal, 2011, 39（1）: 7-27.

容易让人形成比较完整的概貌。其余内容则在其他章节论述。

本章内容主要包括人与自然关系分化的合理性的论证、为什么要引入人与自身的关系、三种生产和四种关系是怎么结合起来的、为什么说四种关系是基本关系等部分。

1.1 人与自然关系的分化

1.1.1 人与自然关系分化为两种关系

1.1.1.1 两条主线论

叶文虎和宋豫秦以中国古代的若干历史事实，特别是北宋时期的宋辽关系为例，说明了在古代中国文明的发展进程中，除了存在传统史学所强调的"人与人"的关系这条主线外，还存在着"人与自然"关系的主线，[①]这种结论令人信服。该文初步论证了"人与人"和"人与自然"两条主线及其相互作用关系是中国文明发展演变的主要驱动力。指出实现"人与人"关系的公平和"人与自然"关系的和谐，是实现可持续发展的前提。其中，"人与人"的关系主要指人类社会的政治、经济、军事、科学、技术及宗教等完全由人类自己构造的社会体系；"人与自然"的关系指人类的生存活动与自然界之间的相互影响和相互制约的过程。

关于人与自然的关系影响人类文明的思想火花也可见于其他著作。周光召在《人与自然研究丛书》的总序中说，"人与自然关系是人类生存与发展的基本关系"，[②]但是并没有详细地展开论证。黄鼎成等从整个人类文明史的尺度初步地、宏观地论述了人与自然的关系是人类生存与发展的基本关系；[③]但没有指出人与自然的关系应该和人与人的关系一起作为文明演变的两大主要驱动力。汤因比在其未完成的手稿《人类与大地母亲》中讨论了人类与其所处的自然环境（主要是生物圈）的相互关系，[④]不过汤因比并没有明确提出"人与人"和"人与自然"两条主线及其相互作用关系是文明发展演变的主要驱动力的观点。

1.1.1.2 人与自然关系的分化

进一步的研究发现，在人类历史上，"人与自然"的关系在不同的文明中，或者在不同的历史时期，存在着分化现象。这涉及中国古代的"天人合一"观。

---

① 叶文虎，宋豫秦. 从"两条主线论"考察中国文明进程[J]. 中国人口·资源与环境，2002，12（2）：1-4.

② 周光召. 人与自然研究丛书总序. 见：黄鼎成，王毅，康晓光. 人与自然关系导论[M]. 武汉：湖北科学技术出版社，1997.

③ 黄鼎成，王毅，康晓光. 人与自然关系导论[M]. 武汉：湖北科学技术出版社，1997.

④ 汤因比. 人类与大地母亲[M]. 徐波，徐钧尧，龚晓庄等译. 上海：上海人民出版社，1992.

　　"什么叫'天人合一'呢……在中国古哲学家笔下，天有时候似乎指的是一个有意志的上帝。这一点非常稀见。有时候似乎指的是物质的天，与地相对。有的时候似乎指的是有智力有意志的自然……我把'天'简化为大家都能理解的大自然。"①季羡林还以中国古代的儒家、道家经典，乃至印度文化中的梵天的概念论述了"天人合一"的"天"可以解释为大自然。②

　　"我把'天'解释为大自然，有人就说：'中国古代并无相应于西方历史上的"自然"的概念'……"③其实，这并不完全矛盾。下面我们再从西方自然观演变的角度简要说明。

　　"万物有灵"的观念在古希腊普遍流传。古希腊的自然观经过一系列的演变，到赫拉克利特形成了第一个完整的自然观。该自然观包含 3 个核心观点。第一，认为宇宙万物是由物质性本原构成的；第二，认为物质和心灵不可分，万物有灵，没有心灵和物质的对立，心灵即存在于本原之中，所以本原决定了事物的产生、变化、发展，决定了事物之间的秩序；第三，自然界是一个充满活力、生机、秩序的整体。④⑤这种自然观和中国古代的道家自然观至少在整体性的视角以及认为自然存在秩序这两点上是相同的。《道德经》说："人法地，地法天，天法道，道法自然。"再如，《庄子·齐物论》说："天地与我并生，万物与我为一。"

　　这里的自然是个整体，人必须符合自然（的规律或者秩序），才能生存好、发展好，无论符合自然规律的行为是自觉的还是不自觉的。所以，从这个意义上说，古希腊的有机自然观和中国古代的自然观并不完全矛盾。

　　只是到了近代，在科学技术取得的成果的基础上，建立在"机器"的隐喻之上的主客恶性二分的自然观在西方兴起，并迅速占据了统治地位。自然不再被认为是个"有机体"，而只是个机器。自然的秩序和规律的根由不是自然本身固有的，自然的秩序和原则来自自然以外。在笛卡尔那里，精神实体和物质实体完全分开了，精神和物质的对立、主观和客观的对立成为近代西方机械论自然观的基调。笛卡尔还将"我思故我在"作为他的哲学的第一公理，认为人的理性是衡量一切（包括上帝）的尺度。因此，科学万能论在这一时期也大行其道。⑥⑦机械论的自然观在一定程度上促进了近代科学的发展，并且成了人类试图征服自然和统治自然的哲学基础。从这个意义上来说，"知识就是力量"成为那个时代的强音也就不足为奇了。应该说，这个时期的西方的自然观和中国古代的自然观是不同的。

---

① 季羡林. 季羡林自选集[M]. 重庆：重庆出版社，2000：413.

② 同上：411-427.

③ 同上：412.

④ 叶文虎. 可持续发展引论[M]. 北京：高等教育出版社，2001：70-73.

⑤ 卢风. 放下征服者之剑：关于自然与人类之关系的哲学反思[J]. 自然辩证法研究，1994，10（6）：1-8.

⑥ 叶文虎. 可持续发展引论[M]. 北京：高等教育出版社，2001：70-73.

⑦ 卢风. 放下征服者之剑：关于自然与人类之关系的哲学反思[J]. 自然辩证法研究，1994，10（6）：1-8.

随着机械论自然观成功地从价值理性演绎为广泛的工具理性，人们一次次"成功地征服"了自然。然而，对于每一次征服自然的"胜利"，随之而来的是自然界的"报复"。正如恩格斯所说："我们每走一步都要记住：我们统治自然界，绝不像征服者统治异族人那样，绝不是像站在自然界以外的人似的——相反地，我们连同我们的肉、血和脑都是属于自然界和存在于自然之中的；我们对自然界的全部统治力量，就在于我们比其他一切生物强，能够认识和正确运用自然规律。"[①]由此可见，机械论自然观指导下搭建起来的"机器"的运作已经反作用于人类自身了，这种"异化"导致了对机械论自然观的反思和扬弃，在这样的时代背景中，有机论又重新获得生机，改头换面之后成为现代自然观的核心观点，其典型代表有怀特海、詹奇等。[②]

综上所述，除了机械论的时代，西方哲学的自然观和东方哲学的自然观并不完全相悖。因此，我们有保留地认同季羡林的观点，即把"天人合一"中的"天"看成是"自然"；[③]至于这个"天"的其他解释是否同时成立，则在本卷的讨论范围之外。

此外，张岱年也同意把"天"解释为自然："天、人关系问题，亦即人与自然的关系问题……"[④]

在此基础上，如果叶文虎和宋豫秦[⑤]文中"人与自然"中的"自然"包含宇宙在内，那么可以认为"人与自然"的关系在历史的长河中分化出两种子关系，即"人与天"的关系及"人与物"的关系。

所谓"分化"，静态地看，是把人与自然环境（包括宇宙）作为一个系统，侧重于考虑系统的整体性时，"人与自然"一词应理解为"人与天"的关系；而侧重于着重使用分析性的方法时，"人与自然"的关系则主要体现为"人与物"的关系。"人与天"的关系、"人与物"的关系都是"人与自然"的关系的一部分。这里的人可能是个体的人，也可能是作为群体的人，亦即社会组织或社会。

动态地看，人类文明的早期就出现了这种分化的萌芽，直到文艺复兴和工业革命时期，分化日益显著。在此后的世界政治经济格局中，比较而言，人与物的关系比人与天的关系逐渐受到更多的重视，几乎成了人与自然关系的同义语。

总之，人与物的关系是指以分析性的思路处理人与自然的相互作用，并在此基础上形成的知识与观念的总和。其哲学基础的典型代表是主客恶性二分的机械唯物论。人与天的关系是从整体性的视角对待人与自然的相互作用，并在此基础

① 恩格斯. 自然界和社会[A]. 见：马克思恩格斯选集（第4卷）[C]. 北京：人民出版社，1995：373-386.
② 叶文虎. 可持续发展引论[M]. 北京：高等教育出版社，2001：77-86.
③ 季羡林. 季羡林自选集[M]. 重庆：重庆出版社，2000.
④ 张岱年. 当代学者自选文库——张岱年卷[M]. 合肥：安徽教育出版社，1998：215.
⑤ 叶文虎，宋豫秦. 从"两条主线论"考察中国文明进程[J]. 中国人口·资源与环境，2002，12（2）：1-4.

上形成的知识和观念的总和。其哲学基础的典型代表是中国古代的主客交融的天人合一观。

在人与天的关系中，天有两层含义：一层就是字面的意思，天即自然，这是具象的天；另一层是，在人与天的关系中，天又是人对自然的整体性认识，所以它又是抽象的。同样地，人与物的关系也包含两层含义。一层是物，另一层是主客恶性二分观念中的物。例如，某一个物种，以天人合一的方式来看待它，那么它就是自然的一部分，不可分割的一部分；换言之，它就是天的一部分。如果以主客恶性二分的方式来看待它，那么它就是自然这台大机器中的一个零件而已，而且具有很强的可替代性。

需要说明的是，人与天的关系和人与物的关系只是人与自然的关系的两个方面，在真实世界中并不是截然可分的，因此，本书的这种划分带有社会学中的"理想型"，就像物理、化学里的"理想状态"或者数学里的"极限"的意味，可以无限接近但无法完全达到。只是，如果不在概念上把它们区分开来，就无法明确地说明东西方文明的差异及生态文明的走向，因此，在这里我们运用了分析与整体相结合的方法。

1.1.2　关于人与自然关系分化合理性的剖析

1.1.2.1　引言

在历史的长河中可以窥见，认为人与自然关系存在分化现象的合理性。

"愿意的人，命运领着走；不愿意的人，命运拖着走。"罗马哲学家塞涅卡如是说。[①]

奥斯瓦尔德·斯宾格勒用这句话作为他的成名作《西方的没落》的结语。笔者不是命定论者，但这话让人掩卷沉思，历史的车轮无情地驶向前方，顺应历史潮流的人、民族、地区或者国家可以走在世界的前端，而其他的或许只能无奈地跟随，甚至被拖拽着向前。

两百多年前，清朝的乾隆皇帝请大不列颠的祝寿使节马噶尔尼把回信转交给英国国王乔治三世，信中有这样的内容：

"咨尔国王，远在重洋，倾心向化，特遣使恭呈赉表章……朕披阅表文，词意肫恳，具见尔国王恭顺之诚，深为嘉许……天朝抚有四海，惟励精图治，办理政务，奇珍异宝，并不贵重。尔国王此次费进各物，念其诚心远献，特谕该管衙门收纳。其实天朝德威远被，万国来王，种种贵重之物，梯航毕集，无所不有。尔之正使等所亲见。然从不贵奇巧，

---

① 奥斯瓦尔德·斯宾格勒. 西方的没落——第二卷·世界历史的透视[M]. 吴琼译. 上海：上海三联书店, 2006：471.

并无更需尔国制办物件。"①

乾隆写完这封信的四十多年后，西方的坚船利炮打开了中国的大门，这或许正是英国国王迟到的答复。

回顾历史，有3个问题常让我困惑。

第一，将影响人类社会发展的驱动因素分为人与人的关系及人与自然的关系是否充分？当今世界，西方的思想占据主要地位。近几百年来，西方世界对自然的认识与利用能力似乎把其他文明远远地甩在后面，但是，目前尚无法解决西方的发展模式或者增长模式带来的资源环境等困境。而在鸦片战争之前，中国是一个农业文明国家，并且这种文明延续了几千年，为什么她可以延续几千年？在历史的表象背后是否有深层次的原因，如东西方文化的差异？

第二，如果东西方文化确实存在差异，那么是否可以从东方文化中，尤其是从中国古代几千年的文明史中，找出一些积极因素为世界的生态文明作贡献？如果可以，该是什么因素？

第三，如果找到了这样的因素（或者说思想）的话，那么这些思想应该和现有的支撑西方文明的思想之间形成什么样的结构？

先来看第一个问题。最迟自文艺复兴以来，西方文明逐渐开始、并最终大幅度地解放了人类的物资生产力，极大地丰富了人类的物质生活，这是有目共睹的。可是在西方的增长模式下，经济子系统的持续扩张导致的环境与资源困境也是众所周知的。

1.1.2.2 一些西方学者对中西文明特征的评论

西方的有识之士也意识到西方文明的困境。世界著名的社会学家马克斯·韦伯②在他的名著《新教伦理与资本主义精神》中如此评论西方价值理性工具化的结果："身外之物只应是'披在他们肩上的一件随时可以甩掉的斗篷（巴克斯特语）'。然而命运却注定这斗篷将变成一只铁的牢笼。自从禁欲主义着手重新塑造尘世并树立起它在尘世的理想起，物质产品对人类的生存就获得了一种前所未有的控制力量……今天，宗教禁欲主义的精神虽然已经逃出这铁笼……但是大获全胜的资本主义依赖于机器的基础，已不再需要这种精神的支持了……没人知道将来会是谁在这铁笼里生活；没人知道在这惊人大发展的终点会不会又有全新的先知出现；没人知道会不会有一个老观念和旧理想的伟大再生；如果不会，那么会不会在某种骤发的妄自尊大情绪的掩饰下产生一种机械的麻木僵化呢，也没有人知道。因为完全可以，而且是不无道理地，这样来评说这个文化的发展的最后阶段：'专家

---

① 乾隆. 见：汤因比. 索麦维尔节录. 历史研究（上）[M]. 曹未风等译. 上海：上海人民出版社，1997：47.

② 马克斯·韦伯. 新教伦理与资本主义精神[M]. 于晓，陈维纲译. 西安：陕西师范大学出版社，2006：106.

没有灵魂，纵欲者没有心肝；这个废物幻想着它自己已达到了前所未有的文明程度。'"②

奥斯瓦尔德·斯宾格勒则从文化比较形态学的角度，通过对西方文化内在逻辑的分析，预言西方文化终将走向没落。①

"虽然世界的统一，最终在西方的框架中完成，但是，目前世界上的西方优势肯定不会继续持续下去了。在一个统一的世界中，十八种非西方文明——四个还存在，十四个已消失——肯定将重新加强其影响。经过几代人、几个世纪的时间，统一的世界逐渐踏上了通向不同成分的文化之间相互平衡的道路；西方的成分将逐渐地降到适度的地位，这就是有待于由其内在价值与其他那些文化比较所能保存下来的全部东西——现存的与已消失的——正是西方社会扩张，才使那些文化相互联系起来……我们就必须做出必不可少的想象和意志的努力，来打破我们自己国家和自己文化的局限，打破我们短暂的历史所造成的束缚，我们必须使自己习惯于采用作为历史的整体观。"②

在去世前的最后一部手稿《人类与大地母亲》中，世界著名历史学家汤因比还这样充满忧虑与希望地写道："如果中国人真正从中国的历史错误中吸取教训，如果他们成功地从这种错误的循环中解脱出来，那他们就完成了一项伟业，这不仅对于他们自己的国家，而且对处于深浅莫测的人类历史长河关键阶段的全人类来说，都是一项伟业。"③遗憾的是，在这部手稿中，汤因比并没有明确地指出古代的中国文化能给未来世界带来什么，他对中国的期望是源于比较了众多文明形态之后的直觉，还是源于深邃思考后得出的、但尚未系统地表达出来的结论，我们就不得而知了。

世界著名的中国科技史专家李约瑟在论述莱布尼兹和中国古代科学的时候，发出这样的感慨："仍然存在着巨大的历史矛盾，即虽然中国文明本身不能产生现代自然科学，但离开了中国文明的特殊哲学，自然科学就是不完善的。"④他还在讨论宋代儒学的篇章中这样说："欧洲科学是在一个数学的、机械的世界，以及笛卡尔和牛顿的世界图像的旗帜下前进的。这种进程在此之前已充分发展了，但它所信奉的自然观不能永久地满足科学的需要；需要把物理学看作研究较小有机体的科学，而把生物学看作研究较大有机体的科学，这个时代一定会到来。如果发生了这种事，科学所采取的思维模式将是非常古老的，非常明智的，而绝不是典型的欧洲式思维。"⑤

---

① 奥斯瓦尔德·斯宾格勒. 西方的没落——第二卷·世界历史的透视[M]. 吴琼译. 上海：上海三联书店，2006.
② 汤因比. 文明经受着考验[M]. 沈辉等译. 杭州：浙江人民出版社，1988：136.
③ 汤因比. 人类与大地母亲[M]. 徐波，徐钧尧，龚晓庄等译. 上海：上海人民出版社，1992：734.
④ 李约瑟著，柯林·罗南改编. 中华科技文明史（第1卷）[M]. 上海交通大学科学史系译，江晓原策划. 第1版. 上海：上海人民出版社，2001：196.
⑤ 同上，251-252.

　　世界著名的史学家，法国年鉴学派的集大成者费尔南·布罗代尔也十分关注中国厚重的文明。他的夫人这样写道："他（指费尔南·布罗代尔）实际上提出了一个双重问题：明代的中国为什么在发动一系列海外远征并取得成功之后（这早于欧洲人绕过好望角），错过了或者说拒绝了对外扩张的机会？为什么她选择了闭关自守？另外，中国出于什么原因，在很多主要技术（如冶铁、印刷、造纸或纸币方面）上领先于欧洲几个世纪的情况下自满于保持这些优势而不是发展它们呢？除了有自己明确地位的政治问题的次要作用外，这些问题对他而言恰恰是文明带来的问题……我坚信，倘若 F·布罗代尔先生依然在世，他会以极大的好奇注视今天的中国对待现代资本主义的方式，也就是说，如果布罗代尔持论正确，中国会以独特的她自己的方式改造资本主义。"①

　　小泉八云这样说："世界的将来，还是属于东方的。有许多久住东方的人，也都有这样的信念……或者我们的文明，传遍了全地球，不过使许多民族，格外愿意研究我们的破坏技术和实业竞争，不来帮助我们，反来抗拒我们罢了……因为我们所创造的社会机能，正和故事中的恶鬼一般，在我们不能维持它的时候，便恐吓着要吞灭我们。我们这样的文明，真是一件奇怪的创造品……为了它的道德基础，它不能始终作为一种社会组织维持下去，这样的断定，乃是东方智慧的教训……我也相信，将来的事情是偏于远东的——并不偏于远西。至少我相信是这样，如果以中国而论。"②

　　到此为止，虽然不好说对第一个问题给出了完美的回答，但是，如果我们把目光转向东方、转向中国，不能算是个夜郎自大、毫无根据的选择。那么，中国能给我们带来什么呢？我们来看看中国现代和当代哲人对第二个问题的思考。

1.1.2.3　一些中国学者对中西文明特征的评论

　　对人与自然关系的上述两个视角的侧重，造成了文化和文明巨大的分野。在文明史上，东方文化与西方文化各有侧重。"东方文化与西方文化有何区别？我认为最根本的区别是思维模式、思维方式的不同。西方文化注重分析，一分为二；而东方文化注重综合，合二为一。"③按我们的理解，东方文化侧重于天人关系的体味与阐发；西方文化侧重于人与物关系的揭示和实践。

　　著名的中国文化研究者钱穆（钱宾四）多次提到了中国"天人合一"思想的重要性。在他去世之前不久，更是专门撰文指出"天人合一"观是中国文化对人

---

　　① 转引自：费尔南·布罗代尔. 菲利普二世时代的地中海和地中海世界（共 2 卷）[M]. 唐家龙，曾培耿等译. 吴模信校. 北京：商务印书馆，1996：中译本序.

　　② 小泉八云著. 落合贞三郎编. 日本与日本人[M]. 胡山源译. 北京：九州出版社，2005：53-67.

　　小泉八云（1850—1904）本是欧洲人，本名 Lafcadio Hearn，其父是爱尔兰军医，母亲是希腊人。40 岁到日本，入日本籍，从妻姓小泉，取名八云。是近代著名的日本通。

　　③ 季羡林. 东方文化三题[J]. 新湘评论，2008，（1）：52-55.

类未来可有的贡献。现将其论文核心观点摘录如下。

> "中国文化中'天人合一'观虽是我早年已屡次讲到，惟到最近始激悟此一观念实是整个中国传统文化思想之归宿处。去年九月，我赴港参加新亚书院创校四十周年庆典，因行动不便，在港数日，常留旅社中，因有所感而思及此。数日中，专一玩味此一观念，而有激悟，心中快慰，难以言述。我深信中国文化对世界人类未来求生存之贡献，主要亦即在此。惜余已年老体衰，思维迟钝，无力对此大体悟再作阐发，惟待后来者之继起努力……我曾说'天人合一'论是中国文化对人类最大的贡献……以过去世界文化之兴衰大略言之，西方文化一衰则不易再兴，而中国文化则屡仆屡起，故能绵延数千年不断。这可说，因于中国传统文化精神，自古以来即能注意到不违背天，不违背自然，且又能与天命自然融合一体。"①

季羡林认同钱穆的观点，并在钱穆的基础上进一步论述他对"天人合一"的看法："据我个人的观察和思考，在处理人与自然的关系方面，东方文化与西方文化是迥乎不同的，夸大一点简直可以说是根本对立的。西方的指导思想是征服自然；东方的指导思想，由于其基础是综合的模式，因此主张与自然万物浑然一体。西方向大自然穷追猛打，暴烈索取。在一段时间以内，看来似乎是成功的；大自然被迫勉强满足了他们的生活的物质需求，他们的日子越过越红火……东方人对大自然的态度是同自然交朋友，了解自然，认识自然；在这个基础上再向自然有所索取。'天人合一'这个命题，就是这种态度在哲学上的凝练的表达。东方文化曾在人类历史上占过上风，起过导向作用，这就是我说的'三十年河东'。后来由于种种原因，时移势迁，沧海桑田。西方文化取而代之。钱宾四先生所说：'近百年来，世界人类文化所宗，可说全在欧洲。'这就是我所说的'三十年河西'。世界形势的发展就是如此，不承认是不行的……从全世界范围来看，在西方文化主宰下，生态平衡遭到破坏，酸雨到处横行，淡水资源匮乏，大气受到污染，臭氧层遭到破坏，海、洋、湖、河、江遭到污染，一些生物灭种，新的疾病冒出等，威胁着人类的未来发展，甚至人类的生存。如果不能克制这些灾害，则不到一百年，人类势将无法生存下去……现在全世界的明智之士都已同感问题之严重。但是却不一定有很多人把这些弊害同西方文化挂上钩。然而，照我的看法，这些东西非同西方文化挂上钩不行。"②

汤一介也高度评价了钱穆的研究成果："钱先生这篇文章短短不到两千字，但

---

① 钱穆. 中国文化对人类未来可有的贡献[J]. 中国文化，1991，（1）：93-96.

② 季羡林. 季羡林自选集[M]. 重庆：重庆出版社，2000：411-427.

所论之精要，意义之深宏，澈悟之高远，实为我们提供研究和理解中国传统文化的价值之路径。"①

张岱年认为，天人关系问题"是中国传统哲学的一个根本问题，也是文化方向的基本问题。在中国古代哲学中，关于人与自然的关系，有三种学说……最重要的是《周易大传》的'辅相天地'的学说。《象传》说：'天地交泰，后以裁成天地之道，辅相天地之宜，以左右民。'所谓裁成、辅相，亦即加以调整辅助。《系辞上传》说：'范围天地之化而不过，曲成万物而不遗。'范围亦即裁成之意，曲成亦即辅相之意。《文言》说：'夫大人者，与天地合其德，与日月合其明，与四时合其序，与鬼神合其凶吉。先天而天弗违，后天而奉天时。'此所谓先天，即引导自然；此所谓后天，即随顺自然。在自然变化未萌之先加以引导，在自然变化既成之后注意适应。做到天不违人，人亦不违天，即天人互相协调。这是中国古代哲学的最高理想，亦即中国传统文化的基本道路……这种天、人协调的思想在中国文化史上居于主导地位。"②

由此可见，李约瑟同意中国哲学具有有机的特质，并认为其具有潜在的价值。这个特质是什么呢？钱穆、季羡林、张岱年、汤一介等指出或认可"天人合一"是中国文化的核心特质，并且将对人类的未来有贡献。季羡林、张岱年还明确指出，这种特质导致了东西方文化的不同走向。季羡林进而提出解决差异的思路："有没有挽救的办法呢？当然有的。依我看，办法就是以东方文化的综合思维模式济西方的分析思维之穷……我的意思是，在西方文化已经达到的基础上，更上一层楼，把人类文化提高到一个前所未有的高度。"③

1.1.3 小结

综上所述，从人类文化的宏观视角来看，把人与自然的关系分解成整体性对待自然时人与自然的关系以及分析性对待自然时人与自然的关系是合理的。

如果"天人合一"确实如钱宾四先生所说的，是"中国文化对人类未来可有之贡献"，那么，从建构主义的角度来说，这种划分也有利于这个观念的传播。再从环境资源问题产生的根源和可能的解决途径的角度来看，这种划分也是必要的。

回答了两个问题，还有一个问题：既然中国的天人合一观对世界文明的未来可以有所贡献，那么，在环境社会系统里，我们要把天人合一观放在什么样的结构中呢？我们对这个问题的回答如前所述，即基本思路是从分析性和整体性两个角度来看人与自然的关系，根据其存在分化的现象，将其分解为人与天的关系及人与物的关系；加上人与人的关系和随后讨论的人与自身的关系，共四种关系，

① 汤一介. 当代学者自选文库——汤一介卷[M]. 合肥：安徽教育出版社，1999：672.
② 张岱年. 当代学者自选文库——张岱年卷[M]. 合肥：安徽教育出版社，1998：215-216.
③ 季羡林. 季羡林自选集[M]. 重庆：重庆出版社，2000：426-427.

统一在三种生产四种关系的框架内。

1.2 人与自身的关系的引入

1.2.1 为什么要引入人与自身的关系

如果试图用人与人的关系、人与天的关系及人与物的关系来梳理历史的脉络，就会发现还有一个问题需要解决：在文明史上，不同的组织、不同的人对活着的目的的不同理解导致其行为的巨大差异，例如，思想家和学者或许更喜欢将他们的精力放在思考和获取相关资料，而不是娱乐活动上；而有些人则对声色犬马乐此不疲。为什么有些人孜孜不倦地追求财富或享乐，而有些人则愿意过苦行僧的生活？这些组织、个体的价值或者动机取向是否受到文明或文化的影响，并反过来影响整个文明或者文化的发展方向呢？结合上述三种关系来说，就是，为什么某个社会、组织或个人是这样而不是那样地将其精力、时间、行动或者财富等资源分配于应对人与人的关系，或者人与物的关系，或者人与天的关系？换句话说，上述三种关系并没有直接建立在每个行动主体的基础上，要解决这个问题，必须引入另外一种关系，我们称之为人与自身的关系。它是指在一定的物质与社会环境下，行为主体对自身存在的意义与存在方式的认识及其对物质与社会环境的反作用；如果行为主体是个人的话，这种认识包含意识和本能。

关于人与自身的关系，为了便于讨论和应用，本书暂时不从本体论的角度来考察该关系，而是将其简化，主要从人类动机的角度，借用著名的人本主义心理学家亚伯拉罕·马斯洛（Abraham H. Maslow）的五层次需要理论：即生理需要、安全需要、归属和爱的需要、尊重需要及自我实现需要，来解释各个行为主体各类行为的动机。由于马斯洛的理论是面向个体的，因此本书对其作了拓展。下面分别讨论个体与组织的动机。

1.2.2 个体的动机

马斯洛在其代表作《动机与人格》中把个体的动机分成以下几类。

第一类是基本需要[①]，即生理需要。在一般公众的表达中，有时又把生理需要称为生存需要。"生理需要同生存直接相关，是人的各种需要中最基本、最强烈、

---

① 有的中译本又把马斯洛理论中的"需要"译为"需求"；虽然有的学者（如卢兹）认为需要和需求是不同的，本书在涉及马斯洛的五层次理论时不区分"需求"和"需要"这两种提法。卢兹所认为的"需求"在中文中更多地和"欲望"接近。

参看：马克·A·卢兹，肯尼斯·勒克斯. 人本主义经济学的挑战[M]. 王立宇，栾宏琼，王红雨译. 杨伯华审校. 成都：西南财经大学出版社，2003.

最明显的一种。它包括饥渴、性、睡眠等。"①生理需要是动机理论的基点。"假如一个人在生活中所有的需要都没有得到满足，那么生理需要而不是其他需要最有可能成为他的主要动机。一个同时缺乏食物、安全、爱和尊重的人，对于食物的需要可能最为强烈。"② "当人的机体被某种需要主宰时，它还会显示另一种奇异的特性：人关于未来的人生观也有变化的趋势。对于一个长期极度饥饿的人来说，乌托邦就是一个食物充足的地方。"③正如安徒生童话《卖火柴的小女孩》中描述的，饥寒交迫的小女孩临终前看到的前两个幻象是大火炉和烤鹅。

第二类是安全需要。"如果生理需要相对充分地得到满足，接着就会出现一整套的需要，我们大致可以把它们归为安全需要类（安全、稳定、依赖，免受恐吓、焦躁和混乱的折磨，对体制、秩序、法律、界限的需要；对于保护者实力的要求；等等）。上面谈到的生理需要的所有特点同样适合这些欲望，不过程度稍弱。"④

第三类是归属和爱的需要。"假如生理需要和安全需要都很好地得到了满足，爱、感情和归属的需要就产生，并且以新的中心，重复着已描述过的整个环节。"⑤

第四类是尊重需要。"除了少数病态的人之外，社会上所有的人都有一种对于他们的稳定的、牢固不变的、通常较高的评价的需要或欲望，有一种对于自尊、自重和来自他人的尊重的需要或欲望。"⑥

第五类是自我实现需要。"它可以归入人对于自我发挥和完成（self-fulfillment）的期望，也就是一种使它的潜力得以实现的倾向。这种倾向可以说成是一个人越来越成为独特的那个人，成为他所能够成为的一切。"⑦马斯洛总结了自我实现的人和其他生活达到顶峰时期的人认同的存在价值，也就是自我实现者追求的价值："真、美、完整、合二为一（对立面得到统一，仇人化为挚友）、生气勃勃、与众不同、完善、必要、完成、正义、秩序、纯朴、丰富、轻松、诙谐、自我满足。"⑧

人的各种需要具有层次性。当生理需要被满足且对未来的预期良好的时候，"其他（更高级的）需要会立即出现，这些需要开始控制机体。这些需要满足后，又有新的（更高级的）需要出现了，依次类推。我们说人类基本需要构成了一个相对优势的层次……生理需要的局部目的在长期得到满足时，就不再是行为活跃的决定因素和组织者了。它们只是以潜能的方式存在，即如果遭受挫折，它们会

---

① 叶浩生. 2004 西方心理学理论与流派[M]. 广州：广东高等教育出版社，2004.

② 马斯洛 A H. 动机与人格[M]. 许金声，程朝翔译. 北京：华夏出版社，1987：42.

③ 同上.

④ 同上：44.

⑤ 同上：49.

⑥ 同上：51.

⑦ 同上：53.

⑧ 转引自：弗兰克·G·戈布尔. 第三思潮—马斯洛心理学[M]. 吕明，陈红雯译. 上海：上海译文出版社，2006：85.

再次出现，并控制机体。"①对于其他需要也是如此。

不同的个体对于上述五种需要的需求有所差别：有些人，在外人看来，即使某种层次的需要获得了满足，但是仍然执著该层次的需要；也有些人在低层次的需要没有完全得到满足之前，开始追求更高层次的需要。②

在三种生产中提到的人，既可能是个体，也可能是群体、组织，甚至是社会。而马斯洛的理论是针对个体提出的，因此，有必要将其拓展到组织。

1.2.3　组织的动机

所谓组织，是"社会的单元（或人类群体）、组织被有意建构和重构起来，以达成特定的目的。"③

组织具有一定的动机，或者说它的行为基于一定的需要，具有一定的目的，要实现一定的目标。

关于组织的动机的研究比较少。究其原因，与以下因素有关：组织是否能完成目标，一方面受到外部环境的影响，另一方面有赖于组织的内部结构。前者应该更多地归属于人与人的关系及人与自然的关系，后者应该更多地归属于人与人的关系，总之，这两方面都不归属于人与自身的关系。通常来说，这两个方面的研究对组织的管理者来说，比组织的动机的类型更为重要，所以有关组织的动机的类型研究比较少，只在把组织类比为自然系统的研究中有所提及。因此，本书不得不借用马斯洛的理论对组织的动机的类型进行延伸。

组织的动机以一定的方式折射了构成组织的每个个体的动机。由于组织是由个体组成的，因此组织的动机是个体的动机的某种加和，这种加和是有权的，有时还是分层次的，具体的加和方式依赖于组织方式，组织方式可能多种多样。组织的动机可能主要体现了组织中一小部分人的需要，也可能主要体现了其中多数人的需要。在多数情况下，组织的动机主要体现了其中起决定作用的个体或亚组织的需要，这个起决定作用的个体或亚组织可能是以产权的方式、民主的方式或其他的方式产生的。总之，组织的需要与动机具有一定的个体需要与动机的特征。

组织普遍具有生存的需要。"作为自然系统的组织"是组织研究的三大视角之一。"组织远不只是达成既定目标的工具，从本质上，是力图在特定环境中适应并生存下来的社会团体……在许多情况下，组织在不断地修改着自己的目标，以进行更为良好的调整。如果组织处在存亡攸关之时，就会为了保存自身而放弃对既

---

① 马斯洛 A H. 动机与人格[M]. 许金声，程朝翔译. 北京：华夏出版社，1987：43.

② 叶浩生. 2004 西方心理学理论与流派[M]. 广州：广东高等教育出版社，2004.

③ 依佐尼. 1964：3. 转引自：W·理查德·斯格特. 组织理论[M]. 黄洋、李霞、申薇、席侃译. 邱泽奇译校. 北京：华夏出版社，2002：23.

定目标的追求，正是因为这样的取向，不应把组织主要看作达成特定目标的手段，而应把它本身看成是目的。"①

组织普遍具有安全的需要。保险事业的产生、发展、壮大正是以组织具有防范风险、保障安全的目标为基础的。

组织具有归属的需要。行业协会的自发产生，虽然有利于行业协作对外，但是也体现了行业内各个企业在充满风险的市场中与同行既竞争又合作的需要。

组织具有一定的尊重需要。在一个行业协会的会议上，各个参与企业的代表的排名、出场顺序等表面上体现了代表们的相互地位，同时也体现了、甚至更多地体现了各位代表所代表的企业的相互地位，其实质是体现了各个企业的尊重需要。

组织可能有自我实现的需要。有些类型的组织反映了其组织者、管理者或发起者的自我实现需要，例如，各种慈善基金会。从慈善基金会的章程上看，它们不以盈利为目标，说明这类组织具有自我实现的特征。有些组织表现出一定自我实现的需要，例如，越来越多的组织意识到企业社会责任（CSR）的重要性，并愿意付诸行动。

组织的需要也有层次性。生存也处于组织需要的最底层，而自我实现的需要同样处于顶层，组织的安全、归属及尊重需要则处于当中。

组织的需要和个体的需要之间是互为因果的循环链条——组织的需要影响了个体的需要的构成与实现，而组织的需要是否有利于个体的需要的实现又反过来影响组织的目标制定与需要的实现。组织的需要是和一定的价值观和知识相联系的，组织会形成一定的流行的价值观和共有的知识，从而对其中个体的动机产生影响。从区域的层面上看，这些价值观和共有的知识即文化。文化影响人的动机，例如，日本武士认为，失败的时候当剖腹自杀，这是一种美，而且执行得越镇定，刀法越干净越美。对于其他文化体系中的人来说，这种"美"却很可能带来强烈的文化震惊。

综上所述，组织的需要与动机也呈现了五层次的特征。组织的需要是构成组织的每个个体的需要的有权加和。多数情况下，组织的需要与动机主要体现了其中起决定作用的个体或亚组织的需要与动机。组织的需要和动机作为一种宏观现象，反过来影响了其中个体的需要和动机。因此，使用马斯洛的五层次需要理论来分析人与自身的关系是恰当的。

1.2.4 为什么选择马斯洛的动机理论

原因主要有 3 个。

---

① W·理查德·斯格特. 组织理论[M]. 黄洋，李霞，申薇等译. 邱泽奇译校. 北京：华夏出版社，2002：53.

第一，马斯洛的动机理论是基于人本主义的心理学。在马斯洛提出该理论之前，在美国的大学里，两个心理学流派占据了主要地位：一个是弗洛伊德开创的精神分析流派，一个是行为主义流派。马斯洛认为，精神分析流派的主要缺点是其研究对象主要是病态的人，而马斯洛代表的人本主义流派的研究对象主要是健康的人，并且"自我实现"这类需要是在研究了一系列优秀的人以后提出的；马斯洛还认为行为主义流派以动物为研究对象，将其和人类类比，忽视了人与动物的差别。[①]

第二，马斯洛的动机理论是在传统的还原论理解人的行为遇到困难的时候提出来的整体动力论。[②]"我们反对的并不是一般的分析，而只是我们称为还原的那种特殊类型的分析。根本没有必要否认分析、部分等概念的有效性。我们只是需要将这些概念重新界定一下，使它们能让我们更为行之有效、成效卓著地进行工作……即必须对整个有机体进行初步研究或了解，然后才能进而研究那个整体的部分在整个有机体的组织和动力学中所起的作用。"[③]由此可见，马斯洛的动机理论是整体论视角的，这与本书的方法论相契合。

第三，马斯洛的动机理论获得了广泛的认可，并且在一定程度上改变了管理学的理论基础。马斯洛的动机理论已经形成心理学史上的"第三次思潮"，《纽约时报》曾经评论马斯洛的理论是"人类了解自身过程中又一块里程碑。"[④]现代管理科学已经从"经济人"的假设转向马斯洛的理论，以此作为调动管理对象积极性的基础。[⑤]

此外，用马斯洛的动机理论来简化人与自身的关系不一定是一个终极的选择，随着人文社会科学的发展，在未来，或许会有更好的理论可以用来展开研究人与自身的关系。即使在心理学领域，马斯洛的理论也有所发展，囿于研究主题，在这方面，本书不展开论述。

1.3 三种生产与四种关系的结合构成了环境社会系统发展学的框架

四种关系怎么和环境社会系统的物质流结合在一起？换句话说，这四种关系是不是影响了环境社会系统的物质流动？如果是的话，是怎么影响的？要回答这个问题，必须考察它们之间的结构。

① 弗兰克·G·戈布尔. 第三思潮：马斯洛心理学[M]. 吕明，陈红雯译. 上海：上海译文出版社，2006.

② 马斯洛 A H. 动机与人格[M]. 许金声，程朝翔译. 北京：华夏出版社，1987：40.

③ 同上：359-360.

④ 纽约时报. 转引自：弗兰克·G·戈布尔. 第三思潮：马斯洛心理学[M]. 吕明，陈红雯译. 上海：上海译文出版社，2006：译后记.

⑤ 叶浩生. 2004 西方心理学理论与流派[M]. 广州：广东高等教育出版社，2004.

1.3.1　三种生产首先描述了环境社会系统中的物质流

　　三种生产论指出："人和环境组成的世界系统，在基本层次上，可以概括为三种生产——物资生产、人的生产和环境生产——的联系。"[1][2]

　　三种生产论可以用图 1-1 中的概念模型表示。三种生产论中涉及人力，人力包括物质性的一面和非物质性的一面。在早期的研究中，三种生产论侧重于环境社会系统中的物质流动过程的描述，并没有详细说明其中人力的非物质性一面，即人的意识，或者说能动作用是如何影响物质流动的。

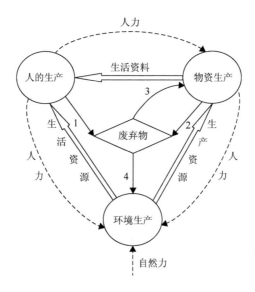

图 1-1　环境社会系统概念模型（叶文虎，1997）

　　此外，在图 1-1 中，为了突显废弃物回收利用产业的重要性，把物资生产和人的生产两个子系统中产生的废弃物单独列出。为了更清晰地说明三种生产论中的物质流动，我们可以将图 1-1 进行简化。第一，将图 1-1 中的"废弃物"框去除，把物资生产和人的生产两个子系统中产生的废弃物直接和环境生产子系统相连。第二，只考察人力作用的物质性一面，暂时不考察人力作用的非物质性一面。第三，如前所述，本书的环境包括宇宙在内，因此，图 1-1 最下端代表自然力的箭头就不必要了。经过处理，得到图 1-2。

----

① 叶文虎，陈国谦. 三种生产论：可持续发展的基本理论[J]. 中国人口·资源与环境，1997，7（2）：14-18.
② 在第一卷中已经详细地介绍了三种生产论。在本卷中，为方便读者阅读，又作了简要的介绍。

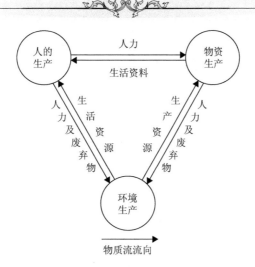

图 1-2　三种生产论中的物质流概念模型

参照叶文虎 1997 年的文章简化；人力有物质性的一面，也有非物质性的一面，本图中人力侧重物质性的一面

　　毋庸置疑，当今社会，三种生产的物质流动出了问题。其原因何在？在环境社会系统中，是人影响了物质流动。人是如何影响其物质流动的呢？下面我们侧重考察人力的意识一面，即人的能动一面对环境社会中物质流动的影响。这里的意识是广义的意识，包括心理学上所说的潜意识和前意识在内。

1.3.2　三种生产中的四种关系[1][2]

　　从人的角度出发，在包含宇宙在内的环境社会系统中考虑各种关系的话，物资生产和环境生产可以分别对应于人与物的关系和人与天的关系，而人的生产则可以对应于人与人的关系及人与自身的关系。如图 1-3 所示。

　　这里所说的人，和前面提到的一致，可以指个体，也可以指群体。如果从时间角度考虑，也可以指代内及代际关系。

　　在把四种关系与三种生产论联系起来的过程中，我们在一定程度上使用了还原论的方法。就人与人的关系来说，由于人的生产消耗物资生产提供的生活资料和环境生产提供的生活资源，因此可以抽象化地认为物资生产和环境生产提供的物质是先集中到人的生产这个子系统，然后再在该子系统内完成分配。我们知道，分配是人与人关系最核心、最重要的部分。此外，人的生产中还包括人力资源的生产，而人力资源的生产过程也离不开一定的人与人的关系。所以，作者把人与人的关系主要定位在人的生产这个部分是合理的。应该看到，人与人的关系和人

① 甘晖. 环境社会系统中的四种基本关系研究[D]. 北京大学博士学位论文，2009.
② 甘晖，叶文虎. 再论环境社会系统/生态文明建设的四种基本关系[J]. 中国人口·资源与环境，2011，21（6）：118-124.

与自身、人与天、人与物的关系之间存在交互作用，但是如果不暂时把它与其他关系分开来，恐怕就无法继续深入地分析。所以分析的方法是必要的。

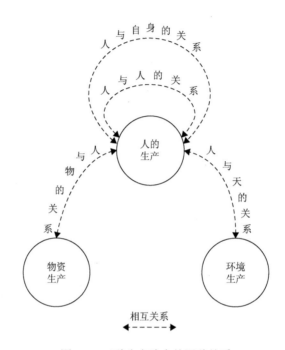

图 1-3　三种生产论中的四种关系

　　类似地，就人与物的关系来说，我们抽象地把环境资源及人力资源作用于物资生产子系统，在人的生产和物资生产这两个子系统之间人与自然的关系体现为人与物的关系。但是它是否还包含其他关系呢？应该还是有的，如水稻种植过程包含着对"不违农时"等天人关系的理解，但其主要体现了人对自然物的利用能力，因此，应该把这个过程放在物资生产子系统中。此外，在现代以西方的物质文明为主导的世界秩序中，人对自然的利用能力越来越强，物资生产量越来越大，把物资生产子系统和环境生产子系统分开考虑也是合理的。因此，人的生产和物资生产两个子系统之间主要体现的还是人与物的关系。

　　人类对待环境生产的态度与人类整体性地看待自然的态度是密切相关的，因此，人与天的关系主要体现为人的生产子系统与环境生产子系统之间的相互作用。虽然在实际生产中，处理、消纳污染物的过程可能是和物资生产紧密联系在一起的，但是三种生产论把消纳污染物和产生资源的过程抽象化地集中在环境生产这个子系统内。另外，在这个子系统里，自然力发挥的作用应该大于人力的作用。

"生物圈2号"①的失败在一定程度上说明了自然环境系统的重要性。②Costanza通过计算，保守地估计，生态系统服务的产出是160 000亿～540 000亿美元/年，而当时全世界的年生产总值为180 000亿美元，这在一定程度上说明环境生产中自然力是起主要作用的，③而且由于自然资源和生态服务的稀缺性，随着区域人均年收入提高，自然资源和生态服务的价格也会迅速提高。2000～2008年，世界市场的石油、铁矿石价格一度飞涨，究其原因，主要有两方面，一是当时世界经济处在上升通道中；二是对石油、铁矿石资源稀缺的预期，以及在此基础上的期货投机行为。

关于各种关系之间的交互作用，留待后面讨论。

1.3.3　从物质和精神（能动作用）的角度看四种关系

导读：从1.3.3开始到本章结束的内容比较抽象，且内容相对独立。时间紧张的读者可以直接跳到第二章。

四种关系中，人与自身的关系是指人的动机。动机指向的对象有两大类，一类是物质的，另一类是意识的或精神的。这两类对象相互区别、又相互联系。对于音乐家来说，演奏好乐曲、谱写出好乐曲的行为背后有着他们的精神追求，但是这种精神追求一方面可能给其带来经济收益，另一方面也可能影响其他人的经济行为，例如，有人愿意有偿使用他们的作品并获得精神愉悦；有人从事经济活动为其提供乐器、谱写乐曲的纸张、笔墨等。把动机指向的对象分成物质的和精神的两类是一种便于论述的、分析性的、还原性的思路，在真实的世界中，两者是密不可分的。

除了人与自身的关系以外，其他的三种关系也都包含两个方面。一方面是物质对四种关系的影响与制约作用；另一方面是人在处理这四种关系的时候，人的意识对物质世界的能动作用及其反作用。据此，可以将图1-3分解成两个图，如图1-4所示。如果图1-4中的①代表的是人的动机对象偏于精神的一面，且②、③、④是代表能动作用的话，那么这个图就是一定动机取向下的能动作用图；如

---

① 生物圈2号是一些研究者在美国亚利桑那州建设的封闭人工生态系统。研究者们希望通过生物圈2号研究地球生态系统是如何运行的，并期望生物圈2号能持续运行。为什么叫生物圈2号呢？因为称地球本身为生物圈1号，于是称这个人工生态系统为生物圈2号，这意味着研究者对生物圈2号寄予厚望。遗憾的是，生物圈2号并不可持续。

② Cohen J E，Tilman D. Biosphere 2 and biodiversity：the lessons so far[J]. Science，1996，274（5290）：1150-1151.

③ Costanza R，d'Arge R，de Groot R，et al. The value of the world's ecosystem services and natural capital[J]. Nature，1997，387：253-260.

果图 1-4 中的①代表的是人的动机对象偏于物质的一面，且②、③、④代表物质流，那么这个图就是一定动机取向下的物质流图。

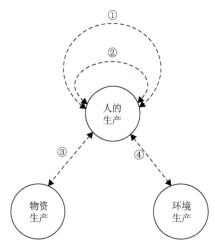

图 1-4 三种生产论框架内一定动机取向下的能动作用/物质流图

①人对人与自身的关系的认识及其能动作用（偏于精神的一面）/人对人与自身的关系的认识及其能动作用（偏于物质的一面）；②人对人与人的关系的认识及其能动作用/物质流；③人对人与物的关系的认识及其能动作用/物质流；④人对人与天的关系的认识及其能动作用/物质流

把图 1-4 中各边中偏于精神的一面和偏于物质的一面组合在一起，我们就可以得到图 1-3。

图 1-3 和图 1-2 相比较，多了两条表示人与人的关系及人与自身的关系的弧线；少了一条连接物资生产子系统和环境生产子系统的边。需要人与人的关系及人与自身的关系的弧线的原因前面已经说明了。之所以少了一条连接物资生产子系统和环境生产子系统的边，是因为在一定的社会条件和物资生产水平下，物资生产子系统需要向环境生产子系统索取的资源量和排放的废物量是确定的。类似地，在一定的社会条件和人与天的关系下，环境生产子系统所能提供的生产资源的量和环境容量也是确定的。因此，我们认为，尽管从物质流层面上看，物资生产和环境生产两个子系统之间的物质流关系是重要的，但是考虑到人的各种能动作用以后，这条边就不宜作为基本关系之一来处理了。或者说，我们考虑问题的出发点是人，如果人能处理好从整体性视角看待自然时人与自然的关系，以及从分析性视角看待自然时人与自然的关系，相应地，就把自然的整体与局部两方面的关系处理好了。所以把"天"与"物"的关系包含进来是一种冗余——类似于计量经济学中的"完全共线性"——计量经济学认为，在用若干解释变量解释被解释变量的时候，允许解释变量之间存在部分共线性，但是要避免解释变量之间出现完全共线性的现象。

1.3.4 四种关系是环境社会系统（三种生产）中的基本关系

上面我们论述了在三种生产论的框架中解释文明现象需要将人与自然的关系分化为人与天的关系和人与物的关系，以及建立人与自身关系的必要性。加上人与人的关系，我们就有了四种关系，并且讨论了四种关系的物质性和能动作用两个方面。

在这四种关系以外，是否还有其他的关系可以作为环境社会系统的基本关系呢？答案是否定的。

所谓的基本关系，依作者的理解，必须有四个条件。第一，它是必要的。也就是说，在解释环境社会系统中意识与物质相互作用时它是不可或缺的。前面我们已经论证了四种关系的必要性。第二，基本关系之间可以是相关的，但不能是完全相关的。由于完全相关的关系中必定有一个可以从其他关系中推出，因此应该将这样的关系排除在基本关系之外。如前所述，物资生产和环境生产两个子系统之间的物质流就属于此类可以排除在基本关系之外的关系。第三，在所研究的系统中，所有的基本关系必须是完备的。第四，基本关系主要是系统的一级子系统之间或一级子系统内的基本元素（自身）之间的关系。

马世骏和王如松提出的社会-经济-自然复合生态系统侧重从应用的层面分析该复合系统的特征及研究方法，并把人类与环境构成的复合系统分解成社会子系统、经济子系统和自然子系统。[①]Herman Daly 在 1987 年提出可持续发展包括并且根植在 3 个分离的领域：经济、社会、生态。[②]叶文虎和陈国谦于 1997 年提出的三种生产理论源于认为人类社会与自然环境是一个整体，并将其命名为"环境社会系统"。[③]在这里，经济是人类社会这个子系统的组成部分，生态是自然环境子系统中各要素及其要素之间的内在联系。从物质流角度看，环境社会系统中客观地存在着紧密联系在一起的三种生产活动。

三种生产论侧重从理论的角度论述环境社会系统中存在三分其中的物质流运动。因此，我们认为这样的划分方法在国际可持续发展的研究领域已经获得了共识。所以，我们有理由把这样的划分思路作为继续论证的前提。

三种生产论描述的是环境社会系统（即世界系统）的物质流运动，从宏观层面上看，其描述对象是完备的，意即可以包罗世界系统中的"万象"。

如果单从三种生产的物质流图来看，其中存在三对物质流的关系。如果把人的意识和三条边对应，就有了三种关系，即人与物的关系、人与天的关系、物与天的关系。再加上人与自身的关系、人与人的关系，一共有五种关系。如果再从字面来看，还可以有物与物的关系、物与自身的关系、天与天的关系、天与自身的关系。所以，从文字角度看，在这个系统中一共可以找到九种关系，但是我们为什么说四种关系是环境社会系统的基本关系呢？

首先，前面已经论述了为什么基本关系中没有天与物的关系。

然后，如前所述，天是整体性看待自然情况下的自然，它包含有两层意思：一层是整体性的自然；另一层是用整体性方式看待自然中的存在时，该存在就是天的一部分。我们先来看前一层意思，即天是整体性的自然，这时，天与天的关

---

① 马世骏，王如松. 社会-经济-自然复合生态系统[J]. 生态学报，1984，4（1）：1-9.

② Daly H. In: Faucheux S, Froger G, Noël J F. What forms of rationality for sustainable development[J]. The Journal of Socio-economics，1995，24（1）：169-209.

③ 叶文虎，陈国谦. 三种生产论：可持续发展的基本理论[J]. 中国人口·资源与环境，1997，7（2）：14-18.

系、天与自身的关系应该只属于文字上成立，而实际上不一定成立的关系。如果一定要"钻牛角尖"的话，那么这两个问题可以转换成：我们的宇宙之外还有宇宙吗？如果有的话，宇宙和宇宙之间是什么关系？我们的宇宙为什么是这样的，而不是那样的？这些问题属于哲学的本体论范畴。其中，天与天的关系不在本书讨论的环境社会系统所及的空间和时间尺度内；而天与自身的关系则未在环境社会系统中表现出现实的重要性，所以未体现出需要将其列为基本关系的必要性。因此，本书不把这两种关系列入环境社会系统的基本关系之列。

再来看为什么没有物与物的关系。物是分析性看待自然时的自然，它同样有两层意思：一层是指自然中一个个独立的个体；另一层是用分析性的方式看待自然时自然中的存在。不管怎样，它们都是自然中的个体。如果这两类物都与人发生直接的或有显著影响的间接联系，那么我们可以把这种物与物的关系归并到人与物的关系中。如果这两类物不与人发生联系，或者发生无显著影响的间接联系，那么我们可以将这样的物与物的关系归于人与天的关系中。类似地，在以整体性方式看待自然中的存在是自然的一部分时，也可以这样处理存在与存在之间的关系。

最后，还有物与自身的关系。对于非生物来说，物与自身的关系同样是一个只在文字上成立的关系，故无法列入基本关系之中。而对于非人类的生物来说，如果生物学家感兴趣的话，该关系应该是生物学的研究内容，而不应当作为环境社会系统学的主要研究内容。

综上所述，通过穷举法，发现从三种生产论的层面和文字上看，其中存在九种可能成为基本关系的关系。但是，九种关系中，有的与环境社会系统学的研究内容相去甚远，有的具有完全共线性的性质；把这些关系排除在外，剩下四种关系，即人与自身的关系、人与人的关系、人与天的关系、人与物的关系。

这四种关系都是必要的、非完全相关的，而且足以表示环境社会系统中的人与自然、人与人相互作用的结构，符合前面提及的基本关系的几点要求。因此，我们把它们称为环境社会系统的基本关系。这四个一级关系之间还存在交互作用，形成众多的衍生关系，这在后面会进一步讨论主要的交互作用。

1.3.5 说明

第一，讨论四种关系的隐含前提是，如果人类能调适好自身的行为，合理地利用资源与环境，找到不局限于物质的自我实现的空间，那么，我们是可能在这个星球上继续生活下去，并不断提高生活质量的。当然，作者深知要到达这样的境地之艰难，"路漫漫其修远兮"，需要社会坚持不懈地努力。

第二，需要申明的是，作者并不是人类中心主义者。上述四种关系都离不开人，或许容易让人以为作者是人类中心主义者，事实并非如此。只是，如果地球上没有人类这种能极大影响自然的智慧生物，我们就不会在这里讨论环境问题。从生态价值观的角度来说，我们并不否认人以外的价值的存在；但是从认识论的角度来看，认识的主体和具有能动性的主体只能是人。也就是说，认识的主体和价值的主体并不是完全重合的。所以，讨论环境问题的缘由和解决途径自然不得不以人为中心。

第二章 环境社会系统发展学的理性假设
——"综合理性" [1][2]

如第一卷所述，Kates 等二十多位作者合作在 *Science* 发文，认为研究环境与发展关系的可持续科学（sustainability science）应该包括 7 个核心问题。[3]其中，有两个问题和本书的研究有一定的相关性：①从长期来看，如何以可持续的方式重塑自然与社会的相互关系，包括消费与人口？②什么样的动机结构，包括市场、规则、规范及科学信息，可以最有效地改善自然与社会的相互关系以走上更可持续的道路。

我们认为，问题②和问题①是相互关联的。只有解决好问题②，才能解决好问题①。而要解决好问题②，则必须把动机结构的研究建立在个体的基础上。本章基于第一章提出的环境社会系统中的四种关系，比较了各种理性假设的特点，并建立了环境社会系统理性假设。

2.1 宏观社会现象与微观个体行为的联系

在第一章中，我们考察了文明中的四种关系。这种考察方式实际上采取的是类似于宏观社会学的视角。该视角中隐含着以下两个假设：文化影响个体的行为；以及个体行为可以以一定的方式集成为宏观社会现象。詹姆斯·S·科尔曼通过分析韦伯在《新教伦理和资本主义精神》一书中的观点，认为韦伯没有明确地说明从新教教义到资本主义之间涉及的宏观与微观之间的联系，并提出可以用图 2-1 来描述这种联系。

图 2-1 宏观和微观水平的命题：新教教义对经济组织的影响示意图[4]

---

① 甘晖. 环境社会系统中的四种基本关系研究[D]. 北京大学博士学位论文，2009.

② 甘晖. 迈向生态文明时代：一种整体视角的理论、案例、预见研究[D]. 福建师范大学博士后出站报告，2013.

③ Kates R W, Clark W C, Corell R, et al. Environment and development: sustainability science[J]. Science, 2001, 292: 641-642.

④ 詹姆斯·S·科尔曼. 社会理论的基础（上册）[M]. 邓方译. 北京：社会科学文献出版社，1990：1-24.

詹姆斯·S·科尔曼接着为我们描绘了"任何以个人行动为起点，阐述系统行为的理论（这些个人是构成系统的元素）都由三个部分组成。"[①]其包括宏观到微观的转变、微观到宏观的转变及确定个人行动的原则，"这种行动原则相对稳定，它在不同的社会背景中，以不同的方式促成了各种系统行为，即纷繁的社会现象。"

在一种特别设计的社会游戏中，可以看到宏观与微观之间的联系。这个游戏包括几个要素：①若干角色，每位角色由一名参加者担任，有特定的利益或目标；②游戏的程序和参加者的行动规则；③评价参加者行动的后果，以及对其他行动者造成的影响的规则。参加者在规则限制下行动时，所有参加者的行为共同使得游戏的情节发生变化，而游戏情节的变化又激发参加者采取新的行动。这样，系统行为就出现了。在这种游戏中，所有参加者组成的系统和个体之间的关系类似于前述的宏观到微观、微观到宏观的转变。詹姆斯·S·科尔曼认为，微观水平的行动者可以是个人，也可以是法人行动者。例如，在"外交游戏"中，其参与者是国家、地区，或者某些联盟。在这种结构中，法人行动者具有双重身份，它既是一个由若干个体组成的系统，又是更大的系统中的个体。[②]

类似地，可以从宏观和微观两个角度来考察环境社会系统中的四种关系。文化与文明是一个社会历史与现状的综合体，它影响了每个行为主体的动机与行动，行为主体的动机与行动又集成为社会的宏观现象，这些联系交织在一起，改变着文化与文明的轨迹。所以，每个主体与其所在的系统，微观与宏观之间的联系是互为因果的。

第一章的视角主要是宏观的。在第二章中，我们试图从微观的角度来考察环境社会系统中的四种关系。这就需要考察相关学科的微观基础。社会科学的许多学科已经从多个角度考察了系统行为的微观基础。包括"经济理性假设""生态理性假设""政治理性假设"等。

2.2 各种理性假设

2.2.1 "经济理性"假设

众所周知，当代经济学体系是建立在以理性算计为特征的"经济理性"假设的基础上的。"经济理性"概念的来源至少可以追溯到古典经济学的开山鼻祖亚当·斯密的名著《国民财富的性质和原因的研究》（又一译名为《国富论》）。在书中，斯密深刻地揭示了市场经济与人性的经济理性一面的关系："我们每天所需要

---

① 詹姆斯·S·科尔曼. 社会理论的基础（上册）[M]. 邓方译. 北京：社会科学文献出版社，1990.
② 同上.

的食物和饮料，不是出自屠户、酿酒家和烙面师的恩惠，而是出于他们自利的打算。"①

斯密的"经济理性"概念是定性的。阿尔弗莱德·马歇尔等新古典经济学家在严格形式化经济学时，修正了斯密的"经济理性"概念。这是一个科学主义主导的过程，经济学家们使用"偏好"的概念切断了自私和自利之间的联系与区别，抛弃了经济行为中的主观因素，满足了形式化的要求。但是，也留下了一个显著缺陷，即"经济理性人"实际上是万能的，他知道一切可能的结果及其成本，而后在比较这些结果及其成本的基础上做出最优选择。因此，一些学者称这样的"经济理性人"为"万能经济人"（omniscient economic man）或"奥林匹亚山神模型"。后来的新古典厂商理论、新制度经济学派、公共选择学派等都从各自的角度对"经济理性"的概念进行了修正。例如，新制度经济学派认为：第一，环境②具有不确定性，但是制度可以有效减少环境的不确定性；第二，人的认知和计算能力是有限的；第三，人的学习过程存在路径依赖，有思想偏见的人做出的自以为是利益最大化的决策，但事实不尽如此。③④⑤

而且，"经济理性"假设将人的各种需要统一使用偏好来描述，也就是说将人的具有层次性的需要平面化，甚至一维化。这样，在处理环境保护与经济增长的关系的问题时，需要引入"人的偏好是改变的"的新假设。但是，这个新的假设依然不能说明人的偏好改变的原因和改变的方向，无论是实证还是规范地。如果我们引入一个以前面论述的马斯洛的多层次需要理论为基础的、和其他三种基本关系交织在一起的需要结构，那么就可以比较容易地定性解释经济增长与环境保护动机的关系。在贫穷落后的地区，人的基本生理需要，即我们通常说的温饱问题，占据了该地区人们的心灵。随着经济的增长，生态环境问题首先以安全感的形式呈现出来，该地区人群处理生态环境问题的动机增强。随着经济进一步增长，生态环境问题还将可能与自我实现相联系。关于这一点，我们将在后面进一步论述。

此外，"经济理性"假设忽视了经济以外的社会、政治、心理等因素。虽然新制度经济学明确地把制度列入新的"经济人"假设中，但是尚有进一步改进的空间。"经济学家必须（或试图）理解这一人类基本生态过程的前景，并研究相关的问题：矿产及包括'环境'在内的各种可再生资源的'合理利用'，人口代际间的'公平'，对个体'理性'的重新理解，对'人性'本身的重新理解，对'幸福'

---

① 亚当·斯密. 国民财富的性质和原因的研究[M]. 北京：商务印书馆，2005：14.

② 这里的"环境"应该指的是经济环境，和环境科学中所称的环境不同。

③ 汪丁丁. 经济学理性主义的基础[M]. 社会学研究，1998，（2）：1-11.

④ 吕绍昱. 关于"经济人假说"的文献综述[M]. 财经政法资讯，2007，（1）：55-58.

⑤ 陈美衍. "经济人"假设与人的有限理性[M]. 经济评论，2006，（5）：52.

概念的重新界定，以及与道德和审美问题有关的'权利'界定。"[1]

亚当·斯密还写过另外一本书，书名叫《道德情操论》。[2]书中讨论了适当感、合适得体的各类激情等问题。遗憾的是，古典经济学创建以来，社会对《国富论》中概念的推演和阐发远远地超过了后者，以至于在发展了斯密的"经济人"假设的同时忽略了人的非经济理性的一面。

马克斯·韦伯赞扬了根植于自我实现基础上的"经济人"对实现资本主义的贡献。"一个人对天职负有责任乃是资产阶级文化的社会伦理中最具有代表性的东西，而且在某种意义上说，它是资产阶级文化的根本基础。"[3]如果说早前的新教徒的"经济理性"动机是为了"你看那办事殷勤的人么，他必站在君王前面"，[4]那么今天，"经济理性"已经摆脱了宗教禁欲主义的禁锢，自由地奔突在这个星球上，导致了资本主义极大的物质繁荣。"成也萧何，败也萧何"。在这个时代，这种个体理性并不一定导致集体的理性。无论是"公地的悲剧"、争执不休的二氧化碳减排协议，还是 2008 年的金融危机，在一定程度上都是个体理性演绎到极致导致的"囚徒困境"。"解铃还需系铃人"，突破这种个体经济理性带来的低效率需要对"经济理性"重新认识与界定。"相对于没有'共识'的霍布斯'丛林世界'，由道德和宗教所带来的合作剩余就是一种效率，而进化则是环境对效率的选择；在这个意义上，道德与宗教都是人类自身和人类社会演进的产物，从而也就是演进效率和演进理性的产物。"[5]除了地球，我们注定无处可逃——至少今天的科学还没有给我们带来人类大量地离开地球的希望——所以个体、群体之间需要寻找一次博弈以外的合作博弈选择。

心理学、经济学、社会学、政治学的研究与数据都越来越倾向于认为利他行为是人类的本性之一。[6]这也是传统的"经济人"概念所不能涵盖的。一些学者把"经济人"的概念扩展为"理性人"，从而为利他行为提供了理性解释，其中包括诺贝尔奖获得者萨缪尔森等。[7][8][9]

---

① 汪丁丁. 经济学理性主义的基础[M]. 社会学研究，1998，(2)：1-11.

② 亚当·斯密. 道德情操论[M]. 北京：中国致公出版社，2008.

③ 马克斯·韦伯. 新教伦理与资本主义精神[M]. 于晓，陈维纲译. 西安：陕西师范大学出版社，2006：16.

④ 圣经·箴言. 见：马克斯·韦伯. 新教伦理与资本主义精神[M]. 于晓，陈维纲译. 西安：陕西师范大学出版社，2006：16.

⑤ 汪丁丁，叶航等. 理性的演化——关于经济学"理性主义"的对话[J]. 社会科学战线，2004，(2)：49-66.

⑥ Piliavin J A，Charng H W. Altruism: a review of recent theory and research[J]. Annual Review of Sociology, 1990，16：27-65.

⑦ Simon H A. Altruism and economics[J]. The American Economic Review，Papers and Proceedings of the Hundred and Fifth Annual Meeting of the American Economic Association，1993，83 (2)：156-161.

⑧ Samuelson P A. The economics of altruism: altruism as a problem involving group versus individual selection in economics and biology[J]. The American Economic Review，Papers and Proceedings of the Hundred and Fifth Annual Meeting of the American EconomicAssociation，1993，83 (2)：156-161.

⑨ 徐贵宏. "经济人"利他行为的经济分析[J]. 经济学家，2008，(1)：10-17.

经济哲学猛烈抨击了"经济理性"假设，认为"经济理性"假设受到机械还原论思想的深刻影响，每个个体是"原子化"的。而且，"经济人具有自身稳定的性质（效用函数），经济人的相互作用型构出整个经济社会，而社会却不能改变经济人的内在性质。"①这和我们观察到的历史事实之间存在不可调和的矛盾。经济学的"后现代的转向"②产生了3个流派。一个是解构主义流派，该流派在对"经济人"概念进行一番猛烈的抨击之后，并没有对"经济人"概念的去从给出建设性意见；一个是女性主义流派，这个流派偏重于情感、过程及社会化的人在经济学中的地位，但是对"经济人"概念该如何演变则摇摆不定；还有一个是建设性后现代主义流派。该流派主张修正"经济人"独立的主体性原则为"联系中的主体性"。③

新古典经济学家也试图使用他们的基于"经济理性"的理论思路来讨论可持续发展的问题。他们认为，通过市场配置资源是经济可持续发展模型的核心。实质上，这种可持续发展的思路是基于自然资本完全可替代的基础上的。显而易见，这种思路并未认真考虑生态系统的特殊性，以及生态破坏和环境污染可能对生态系统带来的不可逆的影响。

2.2.2 "生态理性"假设

深层生态学的核心是"生态理性"假说。深层生态学认为，对人类来说，人类以外的物体的内在价值（intrinsic value），或者说存在价值（existence value）不应当是功利性的（utilitarian），而应当是伦理的。因此，可持续发展必须保护地球上的其他生命免受伤害。批评者认为，"生态理性"实际上沿用了"经济理性"的思路，把世界单一化和平面化了，在环境社会系统中，只重视了生态环境保护的维度，而忽略了其他维度。④⑤

2.2.3 "政治理性"假设、"道德理性"假设等

20世纪中叶，随着"经济学帝国主义"的扩张和公共选择学派的兴起，"经济理性"概念渗入政治学研究中。1950年，美国著名政治学家拉斯韦尔（Harold

---

① 刁伟涛. 对"经济人"假设的批判和降位——后现代主义的视角[J]. 经济评论，2008，（3）：90-96.

② Ruccio D F. 见：刁伟涛. 对"经济人"假设的批判和降位——后现代主义的视角[J]. 经济评论，2008，（3）：90-96.

③ 刁伟涛. 对"经济人"假设的批判和降位——后现代主义的视角[J]. 经济评论，2008，（3）：90-96.

④ Faucheux S，Froger G，Noël J F. What forms of rationality for sustainable development[J]. The Journal of Socio-economics，1995，24（1）：169-209.

⑤ Shogren J F，Nowell C. Economics and ecology：a comparison of experimental methodologies and philosophies[J]. Ecological Economics，1992，5（2）：101-126.

Lasswell）等在《权力与社会》一书中提出了"政治理性"的基本假设，认为具有"政治理性"的人是"这样的一种人，他们要求关乎他们所有价值的权力的最大化，希望以权力决定权力，还把别人也当做提高权力地位和影响力的工具"。①换言之，具有"政治理性"的人就是追求权力最大化的人。

　　除了上述理性假设以外，还有"道德理性"等提法。限于篇幅，不展开论述。

　　上述的理性假设都把相应的学科建立在个体理性的基础上，从而使得这些学科站立在坚实的土地上。它们遭遇的主要困难也是相似的，即把人的需求一维化了。如果说建立这些假设的目的是为了发展相应学科的话，那么，在学科发展的初始阶段，这些假设确实起到了巨大的作用。然而，随着学科的发展，单一维度基础上的、持续的逻辑演绎结果和真实世界中人的多维度的需求之间的差异越来越大。因此，人们不得不对这些假设进行修订，甚至建立新的假设，如"生态-经济理性"、复杂演化经济学中的"经济理性"等。

2.2.4　"生态-经济理性"

　　伦敦学派（London School）综合考虑了"生态理性"和"经济理性"，并试图将两者融合在一起，即"生态-经济理性"。伦敦学派强调 3 个限制条件。第一，使用自然资源的速率不能超过其再生率。第二，不可再生资源的使用率不应该超过可再生资源的替代率。第三，废弃物的排放量应该低于环境的消纳量。②③④伦敦学派遇到的主要困境之一是不得不对自然资本进行价值（非劳动价值，下同）评估，而这种评估结果则不可避免地依赖于当地的经济发展状况和边际条件等，从而在方法论上限制了长时期和在全球尺度的应用。例如，在利用条件价值评估法评估某一环境相关物品的价值时，无论是支付意愿（WTP）还是接受赔偿的意愿（WTA）都显著依赖于受访者的收入状况；通常收入越高，WTP 和 WTA 就越高，评估的结果也越高；这意味着环境的价值和社会因素之间有显著的相关性。

2.2.5　复杂演化经济学中的"经济理性"

　　复杂演化经济学（complex evolutionary economics）在批判传统"经济理性"

---

① 刘志伟. 论"政治人"理性——从"经济人"比较分析的角度. 北京：中国社会科学出版社，2005：9-10.

② Faucheux S，Froger G，Noël J F. What forms of rationality for sustainable development[J]. The Journal of Socio-economics，1995，24（1）：169-209.

③ Baumol W J，Oates W E. The use of standards and prices for protection of the environment[A]. Environmental instruments and institutions[C]，1999，151-163.

④ Barbier E B，Markandya A. The conditions for achieving environmentally sustainable development[J]. European Economic Review，1990，34（2-3）：659-669.

的基础上，发展了经济理性概念，陈平总结了其特征："有界理性（不完全信息，多维排序，不确定性）；目标直觉+有限优化（生存下限+享受上限）；社会人的互动（非独立决策：舆论+远见）；以及市场规模有限（宏观+生态+地理+政治的约束）。"[①]

2.2.6 "程序理性"

上述的理性假设侧重的是人在决策时的行为特征或一般原则，试图在事前追求最优的结果。而 Faucheux 等提出了"程序理性"的思路，认为应当保证在决策的时候使用了最好的方法。[②]"程序理性"的观点和方法主要包括以下几个方面。

第一，认同 Daly 2007 年提出的把可持续经济的目标分为经济、社会、生态 3 个子目标的观点。[③]

第二，由于度量社会目标困难，因此"程序理性"把研究对象或预期目标界定在经济和生态方面。

第三，在评价经济子目标时，使用传统的新古典经济学的方法。

第四，在评价生态子目标时，使用能值、㶲、熵为度量工具。全球尺度的可持续生态系统必须是能值盈余大于等于零；㶲的盈余大于等于零；熵的增加尽量小。

在上述观点和方法的基础上，结合技术进步，利用对自然资源与资金资本的弹性，Faucheux 等画出了通往可持续发展的"程序理性"图。[④]

"程序理性"和"奥林匹亚山神"模型的相似之处在于：都期望"最好"，虽然前者是期望"最好的方法"，后者是期望"最好的结果"。人类的知识是有限的，"最好"只能是依赖于一定时空和人群的"最好"，而未必是世界中可能有的"最好"。退一步说，即使是在各种方法中选择"最好的方法"时，又容易受到对研究体系所处条件的判断的影响，从而可能偏离"最好"。

2.3 环境社会系统发展学的理性假设——"综合理性"

为了从整体性的角度考察人在环境社会系统中的行为，本书提出基于四种关

① 来源于北京大学国家发展研究院陈平教授《复杂演化经济学》的课程 ppt。由于涉及的文献多是外文书籍，作者暂时无法借到，所以直接引用陈平在课程 ppt 中给出的总结。

② Faucheux S，Froger G，Noël J F. What forms of rationality for sustainable development[J]. The Journal of Socio-economics，1995，24（1）：169-209.

③ Daly H. In: Faucheux S，Froger G，Noël J F. What forms of rationality for sustainable development[J]. The Journal of Socio-economics，1995，24（1）：169-209.

④ Faucheux S，Froger G，Noël J F. What forms of rationality for sustainable development[J]. The Journal of Socio-economics，1995，24（1）：169-209.

系的环境社会系统中的理性假设，以期定性地理解人的意识与环境社会系统的交互作用。"环境社会系统中的理性假设"这个名称比较长，为了方便描述，简称其为"综合理性"。"综合理性"具有以下特征。

第一，在理性判断过程中，个体或组织会有意无意地考虑人与自身关系的 5 个层次的需要，每个层次又会考虑到人与自身关系以外的三种关系，即人与人的关系、人与物的关系、人与天的关系，共 15 种子需要，并希望所有需要的总效用最优化。这里的"理性"是基于个体或组织对环境社会系统的判断和认识基础上的理性。

第二，"综合理性"是"有限理性"（bounded rationality），而非无所不知的万能的理性。以下几种因素制约了每一个实际的个体或组织做出符合完全理性的决策：首先，一般来说，行为主体不可能获得做出绝对正确的判断所需要的完全的信息；其次，即使能获得这些信息，该个体或组织囿于其知识和技能，不一定能正确地处理这些信息，从而做出正确无误的判断；最后，获得的信息之间可能是存在矛盾的。所以，完全的理性只是一种理想状态，是难以真正达到的。真实世界里，主体的"综合理性"是"有限理性"的。

第三，在理性判断过程中，个体或组织会有意无意地考虑四种关系及其间的交互作用。即人与自身的关系、人与人的关系、人与物的关系、人与天的关系及其交互作用。这样，人的"综合理性"实际上是环境社会系统中带有普遍联系性质的理性。每一个行为主体是一种空间网络里的存在，既和自身联系着，又和其他的行为主体联系着，还和自然联系着。行为主体在考虑四种关系的时候，可能是自觉的，也可能是不自觉的。主体的自觉性可能体现在四种关系及其交互作用上，也可能只体现在一种、两种或三种关系及其交互作用上。因此，自觉性可能是不完整的，也就是说存在趋于完全的自觉和部分的自觉。自觉性强的主体可以引领当时的社会潮流，而不自觉的或自觉性弱的主体则往往被潮流所引领。以工业文明为例，这种文明的主体的自觉性主要体现在对人与人、人与物、人与自身三种关系的认识上，而缺失了人与天的关系，以及人与天的关系和其他三种关系交互作用的自觉。

第四，由于"综合理性"考虑了人与自身的关系，而本书又是以马斯洛的整体动力论来讨论人与自身的关系的，因此人的"综合理性"具有层次性，即包括生理（生存）需要、安全需要、归属和爱的需要、尊重需要和自我实现需要 5 个层次。一般来说，在低层次的需要得到相当程度的满足之后，主体的需要转向更高层次的需要；当然，也存在例外的情况。此外，文化在一定程度上影响人的需要，如马克斯·韦伯认为新教徒将财富与自我实现联系在一起是促进资本主义产生的重要原因。[①]越高层次的需要受文化的影响越大，而处在饿殍阴影中的人们更多

---

① 马克斯·韦伯. 新教伦理与资本主义精神[M]. 于晓，陈维纲译. 西安：陕西师范大学出版社，2006.

地体现人的动物性的一面；正所谓"仓廪实而知礼节，衣食足而知荣辱"（《史记·货殖列传》）。而什么样的礼节与荣辱，或者说需要，在一定程度上是受文化影响的。因此，可以依据文化来调整人的需要结构。例如，在古代中国，范进可以不停地考试，直到中举；如果在另一个世界中，他或许可以不断地试图经商，直到成为富翁。从人与自身的角度出发，这 5 个层次的需要和人与人、人与物、人与天的关系交互作用，一共形成 15 种子需要。在具体的决策中，依情况，有些子需要是被忽略的。

第五，在一定的条件下，最优化的行为可能是不可获得的。在决策时，假设有 n 种可供选择的行为，由于存在 15 种子需要，而每种行为带来的满足各种子需要的效用是不同的，因此如果试图按照子需要的效用之和来选择 n 种行为之一作为实际行为的话，可能会遭遇阿罗不可能性定理提及的情形。[①]简言之，加总 15 种子需要的过程对于每个个体来说，是其内部的一次集体选择，而集体选择的最优化可能是不可实现的。只是，有时个体只考虑 15 种子需要中的若干种，甚至一种。例如，考虑某个主体在限定收入约束下，购买一定数量的小麦与土豆，以实现主体效用的最大化的问题。这时，主体考虑的主要是生存需要和人与物的关系交互形成的 15 种子需要之一。因此，寻找最优解是可行的。

第六，综合理性具有社会性。由于每一个行为主体会考虑人与人的关系，因此该主体实际上已经考虑了其在社会结构中的地位，无论这种考虑是否充分和准确。在本书中，具有"综合理性"的行为主体是一种社会存在。正如马克思在《关于费尔巴哈的提纲》中这样说："费尔巴哈把宗教的本质归结于人的本质。但是，人的本质并不是单个人所固有的抽象物，在其现实性上，它是一切社会关系的总和。"[②]这种社会性的约束与考虑，是主体的微观行为和社会的宏观表现之间的联系的重要纽带。

第七，由于每一个主体会考虑人与天及人与物的关系，因此该主体事实上就考虑了人与自然的关系，无论是整体论式的、分析式的，还是两者兼顾的。正如恩格斯所说："事实上，我们一天天地学会更正确理解自然规律，学会认识我们对自然界的习常过程所作的干预所引起的较近或较远的后果。特别自 19 世纪自然科学大踏步前进以来，我们越来越有可能学会认识并因而控制那些至少是由我们最

---

① 阿罗（1972 年诺贝尔经济学奖获得者）证明了没有一种投票制度能同时满足以下 4 个要求：第一，确定性。如果每个人对 A 的偏好都优于 B，那么，A 就应该击败 B。第二，传递性。如果 A 击败 B，B 击败 C，那么，A 就应该击败 C。第三，独立性。任何两个结果之间的排序不应该取决于是否还可以得到某个第三种结果。第四，没有独裁者。无论每个人的偏好如何，没有一个人总能获胜。阿玛蒂亚·森（1998 年诺贝尔经济学奖获得者）发现，当所有人都同意备选方案中的某一项并非最佳的情况下，可以解决阿罗的"投票悖论"问题。

② 马克思. 关于费尔巴哈的提纲[A]. 见：马克思，恩格斯. 马克思恩格斯选集（第 1 卷）[C]. 中共中央马克思、恩格斯、列宁、斯大林著作编译局编译. 北京：人民出版社，1995：56.

常见的生产行为所引起的较远的自然后果。但是这种事情发生得越多，人们就越能感觉到，而且也认识到自身和自然界的一体性，而那种关于精神和物质、人类和自然、灵魂和肉体之间的对立的、荒谬的、反自然的观点，也就越不可能成立了，这种观点自古典古代衰落以后出现在欧洲并在基督教中取得最高度的发展。"[①]当然，个体在考虑人与自然关系时，由于受到信息等约束，因此经常是不完善的；在后续的"人的绿色化"部分会继续讨论这一点。

第八，从时间尺度看，"综合理性"是一种动态的理性。由于行为主体存在于自然、社会和经济的普遍联系中，因此其对环境社会系统的作用将受到该系统的反馈作用。个体或组织具有学习能力，因此，这种反馈的过程也是一个不断学习和知识累积的过程。反馈与学习的结果就提高主体适应自然的能力而言，可能是正面的，也可能是负面的，还有可能是"双刃"的。主体习得的结果可能是可以外化的知识，也可能是内在的知识（intrinsic knowledge）。如果分析上一段中引用的恩格斯的话，可以发现其中至少有一方面的含义就是人类认识到人对自然的认识是变化的：从古典古代的人类和自然的对立开始走向当代的人与自然的一体性。诚然，从开始走向人与自然的一体性到真正实现这一目标还有漫长的路要走。

第九，综合理性所指向的效用不一定是商品独有的。即使是在现代的经济学中，也已经认可了利他行为可以给行为者带来效用，[②]在这些文献里，效用的范围被拓宽到商品以外。在本书中，综合理性所指向的效用也包括利他行为这样的非商品给行为者带来的需要满足；除此之外，如果行为能带来自我实现、尊重、社会与爱的归属、安全需要的满足，无论是物质的、还是非物质的，货币化的、或者不可货币化的，那么，这样的行为也可以给行为者带来效用。也就是说，"综合理性"的效用是同时指向工具理性及价值理性的。

第十，从长的时间尺度来看，在历史的长河中，人的综合理性涉及的四种关系是共同演化（co-evolution，又译协同演化）的。事实上，马克思持有人与自然共同演化的观点：人类的始祖在自然中的劳动造就了人，人的劳动改变了自然，改变了的自然又影响了人类的生存。具体的例子如工业化时期的空气污染，在美国、日本等国家都出现过，我国现在也面临这个问题。空气污染是人类利用自然资源改变自然的副产物，必然反作用于人类自身，人类又不得不寻求消除空气污染的办法。在这个过程中，人类遭到自己行为带来的不利后果的挑战。如果挑战在人类应对的能力及意愿以内，人类就可以通过解决问题而发展，否则可能带来

---

① 恩格斯. 自然界和社会[A]. 见：马克思，恩格斯. 马克思恩格斯选集（第4卷）[C]. 中共中央马克思、恩格斯、列宁、斯大林著作编译局编译. 北京：人民出版社，1995：373-386.

② Simon H A. Altruism and economics[J]. The American Economic Review, Papers and Proceedings of the Hundred and Fifth Annual Meeting of the American Economic Association（May, 1993），83（2）：156-161.

十分不利的后果。

第十一，综合理性适用于个体，也适用于群体或组织。由于四种关系中人与自身的关系既适用于个体，又适用于群体或组织，因此以此为基础的综合理性也是如此。

第十二，满足人的需要的程度是文明稳定与演化的基本力量之一。通常来说，一个社会中，越高比例人口的需要得到越高层次的满足，该文明就越稳定。内在或外在的因素可能引起社会需要的变化。社会的新的需要时常伴随着变革，需要越迫切，变革的动力越大；如果这种变革是在压抑中爆发的，则可能产生剧烈的社会动荡。

第三章 从三种生产四种关系的框架看文明的演化及预见研究[①]

3.1 人类文明的四个时代

以较长时间尺度考察人类文明历程的理论由来已久，例如，从 1929 年起，法国年鉴学派的创始人吕西安·费弗尔和马克·布洛赫以杂志《经济与社会史年鉴》为阵地，提倡"整体的历史"的观念。费尔南·布罗代尔是该学派的集大成者。在其代表作《菲利普二世时代的地中海和地中海世界》中，费尔南·布罗代尔从三种时间尺度描述地中海世界的历史。[②]一种是"几乎静止的历史——人同他周围环境的关系史。这是一种缓慢流逝、缓慢演变、经常出现反复和不断重新开始的周期性历史……在这种静止的历史上，显现出一种有别于它的、节奏缓慢的历史。人们或许会乐意称之为社会史，亦即群体和集团史，如果这个词语没有脱离其完整的含义……最后是第三部分，即传统历史的部分，换言之，它不是人类规模的历史，而是个人规模的历史，是保尔·拉孔布和弗朗索瓦·西米昂撰写的事件史。"三种时间尺度分别被称为地理时间、社会时间和个别时间。年鉴学派认为，人类社会所存在的包括环境、文明等要素在内的结构影响了长时间历史。

从大的时间尺度上来考察人类文明的演化可以把人类文明划分为 3 个或 4 个阶段。[③④⑤⑥]4 个阶段的划分法通常包括 4 个时代：原始文明时代（又称狩猎者-采集者时代、采集狩猎时代）、农业文明时代、工业文明时代，以及我们期望实现并正为之努力的生态文明（又称环境文明）时代。

宏观地研究上述文明及其变迁的特征与规律有助于更加自觉地面向未来，更好地去建设生态文明。

---

① 本章主要内容来自作者的博士论文，略有修改：甘晖. 环境社会系统中的四种基本关系研究[D]. 北京大学博士论文，2009.

② 费尔南·布罗代尔. 菲利普二世时代的地中海和地中海世界（共 2 卷）[M]. 唐家龙，曾培耿等译. 吴模信校. 北京：商务印书馆，1996.

③ Norgaard R B. Coevolutionary development potential[J]. Land Economics，1984，60（2）：160-173.

④ 黄鼎成，王毅，康晓光. 人与自然关系导论[M]. 武汉：湖北科学技术出版社，1997.

⑤ 叶文虎，毛峰. 三阶段论：人类社会演化规律初探[J]. 中国人口·资源与环境，1999，9（2）：1-6.

⑥ Daly H E，Farley J. 生态经济学——原理与应用[M]. 徐中民，张志强，钟方雷等译校. 郑州：黄河水利出版社，2007.

叶文虎和毛峰从三种生产论的视角论述了文明的演化特征。[①]在此基础上，本章进一步综合运用三种生产四种关系的框架来分析人类文明的演化趋势、走向或规律，或可服务于生态文明建设。

3.2 从三种生产论的角度看文明的演化

3.2.1 三种生产相互联系中的物资生产子系统

采集狩猎时代的生产力低下。在物资生产子系统中，主要包括制造简单的工具，并利用这些工具从自然中获取生活用品的活动及其成果。当时的人类还不能对环境生产子系统进行大规模、有组织的直接干预。随着人口增加和各种食物储存技术的发展，开始出现了农业。农业的发展进一步促进了区域人口增加，并导致相应区域人群的采集狩猎时代结束。

农业文明时代的物资生产能力有了较大的提高。农业文明时代单位土地面积所能提供的食物量，大于采集狩猎时代单纯依赖自然生态系统时单位土地面积所能提供的食物量。同时，人类开始以较低的速度利用不可再生资源，出现了包括青铜器、铁器在内的工具。要获得青铜和铁等材料，通常需要人对自然存在的原料施加化学变化。

到了工业文明时代，物资生产高度发展。人对自然资源的利用能力越来越强，化石能源的利用及工具的理性发展使人类能以更快的方式、更多的数量、更多的种类从自然生态系统中获取生产和生活资料，这丰富了人们的物质生活，同时也带来了严峻的问题：第一，自然资源的再生速度显著低于自然资源的开采和利用速度，许多自然资源出现枯竭的危险。第二，物资生产过程产生更多的废弃物，并以更快的速度排放到自然界中，其影响从“点”状逐渐转变为“带”状或“面”状，加上人口密度不断提高，这种影响已经难以忽视。第三，工业文明时代人类发明并制备了大量的原来自然界中不存在的物资，这些物资本身及制备过程中产生的废弃物很多是环境不友好的，如核废料。

在向生态文明转型的过程中，物资生产将在工业文明的基础上更充分地顾及生态系统的作用、地位与承载力。其具体表现为，生产过程的资源、能源利用率逐步提高，废弃物排放量将下降到合理利用环境容量的水平；可再生资源、能源所占比重大幅度增加；由于资源与能源数量的约束，在满足了人的基本需要以后，物资生产更多地转向服务的提供，第三产业的比重相对上升。[②]

① 叶文虎，毛峰. 三阶段论：人类社会演化规律初探[J]. 中国人口·资源与环境，1999，9（2）：1-6.
② 同上.

3.2.2 三种生产相互联系中人的生产子系统

在采集狩猎时代，生存条件比较差，人的生产子系统中人口增长状况主要呈现高出生率、高死亡率、低增长率的特征；[①]人的社会化程度较低，受教育的时间也相对较短。

在农业文明时代，工具的进步、农业的产生和发展实际上支撑了更多人口的繁衍。同时，人口死亡率有所下降，人的生产子系统中人口数量开始呈现高出生率、较低死亡率、较高增长率的态势。人的社会化程度较前一个时代要高，受教育时间也变长。

在工业文明时代，不同国家的人均收入差异很大，人口观念和实际状况的差别也很大。虽然一些发达国家的人的生产已经呈现出低出生率、低死亡率、低增长率，甚至缓慢减少的特征，但是整个世界人口生产仍然处于高出生率、低死亡率、高增长率的通道，世界人口不断膨胀，世界越来越"满"。[②]另外，人的社会化和教育年限延长，但是不同区域间人群的受教育水平的差异十分显著。

生态文明对人口素质提出了更高的要求。从现在的人口规模、发达国家的人均消费水平及经济生产方式来看，如果全世界的消费水平都达到发达国家的人均水平，地球的资源将无法支撑。积极地引导人口低速增长，甚至努力实现零增长已经成为当今世界的必要行动，以及走向生态文明的必由之路。在生态文明时代，人类的生活水平、保健水平和医疗水平不断提高，人的平均寿命提高。因此，从工业文明过渡到生态文明阶段，会遭遇一段年龄结构老化的时期，这可能会影响国民的平均福利水平；而人口"红利"则更可能带来短暂的经济繁荣，在这样的矛盾面前，人们不得不作出痛苦的抉择。生活水平的提高还依赖于人的社会化和教育过程，在此过程中大量投入人力、物力、财力也可以促进经济增长。对于源自农业文明、压缩式发展的后发国家来说，相比于先期工业化的国家，在通往生态文明的道路上，既要补工业文明的课，又要学习、摸索生态文明的道路，因此，人的再社会化和继续教育显得特别重要。

3.2.3 三种生产相互联系中的环境生产子系统

在采集狩猎时代，物资生产和人的生产过程产生的废弃物是天然物或者经过简单加工的天然物，具有环境友好的特性。再加上人的栖息地的面积相对于自然界来说相当小，因此，无论是人的生产，还是物资生产，对环境生产子系统的干

---

① 叶文虎，毛峰. 三阶段论：人类社会演化规律初探[J]. 中国人口·资源与环境，1999，9（2）：1-6.

② Daly H E，Farley J. 生态经济学——原理与应用[M]. 徐中民，张志强，钟方雷等译校. 郑州：黄河水利出版社，2007：82.

预都比较小。环境生产子系统受到人力的影响甚微。

到了农业文明时代，环境生产子系统受到较大的影响，局部地区的生态受到破坏，环境生产能力有所下降。不过，人类掌握的工具理性具有有限性，这个时期，人对自然的破坏主要呈现局部性、阶段性特征。农业文明时代中后期，人口的快速增长需要开垦更多的土地，导致人地矛盾日益突出；改进耕作技术和发现、引进高产作物以积极手段缓解了矛盾，而战争、疾病等以消极方式缓解了矛盾。和采集狩猎时代类似，这个时代的人的物资生产和人的生产过程产生的废弃物基本上还是天然物，或者是经过简单加工的天然物，具有环境友好的特性；一些环境不友好的原料、废弃物则由于数量比较少，同时，由于人口密度低，它们可以远离人类聚集地，因此，整体上看，它们对环境生产子系统的影响常常为人类社会所忽视。

在工业文明时代，生态破坏和环境问题日趋严重，自然生态系统的面积被人类社会不断蚕食、分割，污染物排放量居高不下，环境自净能力相对于农业文明时代有所下降。然而，日益强大的物资生产和人的生产对环境生产能力的要求越来越高。在这样的矛盾下，环境生产能力越来越弱，越来越难以为继，变革已经势在必行。

在向生态文明转型过程中，人类对环境生产的积极干涉力度加大，出现了以保护环境及提高环境生产力和污染消纳能力的产业、回收利用废弃物的产业，[①]并日趋成熟。随着世界人均消费水平的提高，以及对生态环境问题的日益重视，人类需要相对较大的环境容量（无论是自然还是人工的），因此，上述两个产业将得到长足的发展。在发展这两类产业的过程中，一方面要尊重自然、经济规律；另一方面，由于其产品具有公共物品或共有资源的特征，具有一定的外部性，存在市场失灵现象，因此需要政府管治的介入。

3.3 从四种关系的角度看文明的演化

3.3.1 四种关系交织中的人与人的关系

在采集狩猎时代，人群内部的人与人的关系比较简单，也比较平等，产权不重要，甚至没有意义。聚集在某个区域生存的人群在大体消耗完该区域中可以利用的生活资源以后，就迁徙到其他地方；又因为人口密度比较小，迁徙过程不易与其他人群发生矛盾，因此，土地的产权没有意义。[②]食物也不作为私有财产被保

① 叶文虎，毛峰. 三阶段论：人类社会演化规律初探[J]. 中国人口·资源与环境，1999，9（2）：1-6.
② Daly H E，Farley J. 生态经济学——原理与应用[M]. 徐中民，张志强，钟方雷等译校. 郑州：黄河水利出版社，2007：12-13.

留，聚集在一起的人们会分享劳动成果，包括老人和孩子——多余的食物不会带来什么好处，只会腐烂或招来危险的食肉动物。①

无论是奴隶社会还是封建社会，相对于采集狩猎时代的人与人的简单的和谐关系，社会公平有所下降，出现了私有产权。产权的产生或许是人自利的本性在一定条件下的体现。对阿拉斯加爱斯基摩人的研究发现，在没有有效的储藏设备之前，猎人会与其他人分享猎物。而在政府提供了储藏设备之后（可能还有其他的原因），猎人不再与其他人分享猎物，导致老人、孩子、妇女失去食品和衣物来源。②在人口快速增长与生态环境激烈冲突的地区，也相对容易爆发战争等社会矛盾，甚至导致局部人群与文明灭亡。③这符合汤因比的"挑战—应战"模式：过于严重的挑战可能导致某个区域文明的灭亡，而适度的挑战则促进文明的演化。④

在工业文明时代，阶层之间、区域之间、代际之间，依然存在剥削与被剥削、不尽公平和公正的情况，但是总体来说，各个主体的自由程度比农业文明时代有所改善，人的选择空间有所改善。

综上所述，采集狩猎时代受制于人与自然关系而形成的简单的、和谐与公平的人与人关系随着农业技术的发展而失衡；私有制产生后，人与人之间的竞争与合作成为驱动社会进步的主要动因之一。从那时候起，世界范围内，人与人之间关系的不平等一直未能有效地改善到令人满意的水平。如今，效率与公平还一直是人们争论的焦点。应该看到，这个世界发展的高度不平衡依然是我们必须面对和解决的困境之一。

因此，在向生态文明转型的过程中，公正将成为基本标志之一。⑤

3.3.2 四种关系交织中的人与天、人与物的关系

在采集狩猎时代，人与自然的关系出现了分化为人与物及人与天的关系的萌芽。一方面，人类开始制造简单的工具，但是人对自然分析性的认识与应用水平有限，获取信息的能力和手段严重不足，对自然的利用能力不高；另一方面，人类对自然充满了敬畏，人对自然界整体的认识中包含着重重魅影。

农业文明时代利用自然的能力有了长足的进步，生产力有了较大的发展，人与自然的关系的两个方面的分化日益显著。在人与天的关系方面，农业文明时代

---

① Daly H E, Farley J. 生态经济学——原理与应用[M]. 徐中民，张志强，钟方雷等译校. 郑州：黄河水利出版社，2007：13.

② 同上.

③ 叶文虎，宋豫秦. 从"两条主线论"考察中国文明进程[J]. 中国人口·资源与环境，2002，12（2）：1-4.

④ 汤因比. 历史研究（上）[M]. 索麦维尔节录. 曹未凤等译. 上海：上海人民出版社，1997.

⑤ 叶文虎，万劲波. 从环境-社会系统的角度看建设"和谐社会"[J]. 中国人口·资源与环境，2007，17（4）：14-18.

的中国走上了以天人合一为主线的道路，整体观占了上风，虽然她也曾经产生过灿烂的科技。而西方，自亚里士多德以来，逐渐走上了"必然地得出"①的演绎道路。东西方文明的自然观差异将在工业文明时代突显。无论东西方，人对自然的认识中依然包含着重重魅影，并且与人与人的关系交互作用，影响了人对自然的正确认识。随着人类对自然的分析性为主的认识不断提高，人类社会的物资生产能力也不断提高，人类开始跨入工业文明时代。

在工业文明时代，人类处理物资生产的能力已经异化为征服自然的力量，人在一定程度上也异化为资本和机器的奴隶；人与物的关系也影响到人与人的关系，工业文明社会在一定程度上呈现出"原子化"的特征。在人与天的关系上，一方面呈现了一定"除魅"的特征；另一方面，随着工具理性的不断逻辑外推，也出现了在整体性角度上对人与自然关系认识的严重不足，导致资源与环境问题日益突出。人天关系和其他关系交互作用，滋生了或伴随着政治问题、社会问题、经济问题等，呈现了显著的多维化特征。

综上所述，随着社会文明形态的演化，人与自然关系的变化表现在两个方面。一方面，从分析性的视角看，物资生产子系统的生产能力不断提高，一度提高了人的生活水平，但最后反过来导致对生态环境的破坏。在向生态文明转型的过程中，物资生产子系统向环境生产子系统的排出物将不断降低到环境生产子系统可持续消纳的程度；同时，物资生产子系统的产出将能更好地满足人的需要。另一方面，从整体性的视角看，不同地区差异比较大，其中，古代中国的天人关系达到了一个较高的水平，遗憾的是古代中国对从分析性视角处理人与自然的关系未给予足够的重视；但是这种文化的多样性为生态文明时代的人与天的关系处理提供了历史的和文化的储备。因此，我国在生态文明建设中，要注意整理、区分、保护好传统文化中的优秀因素，汲取传统天人关系中的积极成分，并努力将其与西方文明中的优秀成分相融合。

在生态文明时代，人与自然的关系必须是和谐的。但是这种和谐不是农耕文明时代的简单和谐：第一，这种和谐应该是较长时间尺度的，而农耕文明时代的和谐往往在持续了一两百年，甚至几十年后就被人口增长或其他因素打断；第二，这种和谐必须建立在对自然利用能力不断提高的基础上，简单地说，就是要物尽其用——打个比方，就是可以把沙子转化为手机、超级计算机等的主要原料基础上的和谐，而不是只能把沙子转化为普通玻璃基础上的和谐。

3.3.3 四种关系交织中的人与自身的关系

采集狩猎时代的主要困难是满足生理需要和安全需要。这个时期的人对自然

---

① 王路. 逻辑的观念[M]. 北京：商务印书馆，2003：19.

的认识与利用能力不高,一个个聚集在一起的人群要想方设法获取足够多的食物,要避免季节变化、野兽、疾病、洪水、雷电、山火,以及其他自然灾害带来的不利影响。

在农业文明时代,不同社会阶层在五层次需要方面得到不同程度的满足,人的低层次需要的满足程度比采集狩猎时代有所提高。一般来说,统治阶层的人的生理、安全、社会、尊重需要基本可以得到满足,其中部分人还可以获得自我实现的满足,当然,不同文化中的自我实现之间可能存在差异,甚至是巨大的差异。而处于社会下层的人的生理、安全、归属和爱的需要可以得到一定程度的满足。

到了工业文明时代,相比于农业文明时代,越来越多的人的生理需要、安全需要、归属和爱的需要、尊重需要可以得到比较好的满足,部分人的自我实现需要可以得到满足。同时,主体满足各方面需要的手段在相当大的程度上异化为对财富的追逐——这实在不是一件可以让人长期乐观的现象:如果一个国家或地区的人大多以财富最大化为自我实现的目标,那么我们很难想象该国家或地区可以自觉地从工业文明转向生态文明。我们相信,在生态文明社会中,应该有不少人的自我实现的目标中包含有生态理念。

综上所述,采集狩猎时代的人更多地是为了满足生存和安全需要而向自然索取和学习。农业文明时代的人虽然同样无法完全免除饥馑的困扰,但是人已经从自然中走了出来,相对而言,人可以很大程度免受野兽等的袭击,人的安全得到了更多的保障。到了工业文明时代,总体上来看,越来越多的人从贫困中走出,生存、安全需要得到更好的满足,人们的需要层次更多地迈向尊重需要,甚至自我实现需要。

由此可见,随着文明的演化,人与自身的关系呈现出越来越多的人的更高层次的需要得以满足的特征;在长时间的尺度上,人在处理各种关系中,各方面的需要在一定程度上获得满足而得到的效用之和呈现出上升的趋势。[1]在生态文明建设中,我们要注意调整好其他三种关系,促进人与自身关系中各种需要的满足,促使人的主导需要转向自我实现,从而真正实现社会中人的全面发展,进而实现人类文明的高度昌盛。

3.3.4　小结

如上所述,三种生产四种关系的框架可以成为一个分析人类文明演化的工具。这是因为在三种生产中,四种关系是完备的。因此,四种关系是人类义明演化的基本驱动力。

---

① 效用(utility),是西方经济学的基本概念之一。效用用于度量消费者通过消费或者享受闲暇等使自己的需求或欲望等得到满足的程度。

资源与环境的硬约束逼迫人类不得不走上生态文明的道路。生态文明这条路该如何走，没有现成的答案。遗憾的是，我们或许没有太多犯错误的机会了，人与自然环境的关系正处于紧张的边缘。

在人类社会系统中，人是主动的因素。环境问题因人而生，也必须通过人来消除。人或者积极应对，实现人与自然的和谐；或者被动改变，甚至种族消亡。

在向生态文明转型的过程中，人类必须尽快地调整自己的观念和行为，使得环境社会系统中的四种基本关系能更加畅达，更好地面向自然、保护自然，使三种生产之间的环状联系得以恢复，实现可持续发展。

四种关系交织在一起共同演化。其中，人与自身的关系是影响人的行为的内在动因，具有重要的地位。因此，在分析一个区域的时候，判断其主要的动机层次、寻找能改变人与自身关系的主导性的驱动因素就显得尤为重要。

3.4 "人与自身的关系"的满足是文明稳定与发展的核心动机要素

在四种关系中，人与自身关系的满足程度与变化情况是社会秩序与文明稳定和变迁的核心动机要素。一种足够持续和稳定的文明，必须有完善或较为完善的各类制度体系，让社会中足够多的人能够获得较好的人与自身关系的满足。

在一定程度上，可以借用社会福利函数来理解整个社会的人的需要的满足程度。只是把社会总福利用数学式子表达出来时，通常假定社会的总福利是个人的福利的总和；而阿罗不可能性定理认为这个求和的过程可能是有矛盾而无法实现的。所以，不适合直接使用社会福利函数来表达整个社会的人的需要的满足程度。换言之，定量化表达整个社会的人的需要的满足程度是困难的，更合适的做法是将整个社会的人的需要的满足程度理解为一个定性的概念。

在文明发展的早期阶段，由于生产力和社会分配等方面因素的影响，人们的物质需求满足程度相对较低，因而，社会上多数的人可能更注重人的较低层次需要的满足。当然，这并不意味着人们完全没有高层次的需求和高层次需要的满足，例如，摩尔根和恩格斯的研究认为，采集狩猎时代的人们普遍有强烈的独立感、自尊心，[1]而且公正、刚强、勇敢。[2]

随着人类文明的发展，通常整个社会的人的需要的满足程度得以提升，有更高比例的人口的动机转向高层次的需要。如果可以顺利地定量表达的话，可以说

---

① 摩尔根. 见：恩格斯. 家庭、私有制和国家的起源[M]. 中共中央马恩列斯著作编译局译. 北京：人民出版社，1999：91.

② 恩格斯. 家庭、私有制和国家的起源[M]. 中共中央马恩列斯著作编译局译. 北京：人民出版社，1999：99.

社会中的人的需要的平均满足程度提高了。诚然，社会中的单个个体的体验是不尽相同的。如果奴隶时代的奴隶可以选择的话，或许他们更愿意回到采集狩猎时代，而奴隶主则相反。

在人口密度居高不下或其他资源紧张的时期，人的动机可能又会阶段性地转向低层次的需要。这意味着，在同一文明形态中，整个社会的人的需要的满足程度是波动的。

不断满足人类需要的要求推动了人类社会的发展。总体来看，人类文明演化过程中，整个社会的人的需要的满足程度是在提升的。这是人类文明演化中，来自人的动机方面的根本动力。

文化影响人的需要的满足。在文化中，可以在一定程度上设计人的需要的满足形式，例如，可以将拥有大排量汽车设计为成功的标志之一，也可以将拥有混合动力车，甚至骑行、步行作为成功的标志之一。不同的制度设计导致不同社会不同的物质流运行状况。

文化影响了人的需要的满足，在设计、实施、评价一项制度时，需要充分考虑文化的影响，乃至将其放在整个文化结构中来考察。同样的制度，在不同的文化中的实施结果可能是大相径庭的。正所谓"淮南为橘，淮北为枳"。

较好或更好地满足人的需要的文明与制度容易持续，反之亦然。

3.5 从四种关系的视角看实现生态文明社会要做的工作

在当代中国，如何处理好上述四种关系，关系到生态文明建设的走向、成败与深度。因此，我们从四种关系及其一级交互作用的角度提出了建设生态文明乃至实现生态文明社会所要做的主要工作或达成的目标，见表3-1所示。

表3-1 从四种关系及其一级交互作用看实现生态文明社会要完成的主要工作[1]

关系或关系之间的一级交互作用	建设生态文明要完成的工作或达成的目标
人与自身的关系	人的不断自我完善、实现人的全面发展
人与人的关系	公平、公正的社会（和谐社会）
人与天的关系	实现天人和谐（建设环境友好型、资源节约型社会）
人与物的关系	经济人性化；科学技术的不断进步、知识经济、信息化
人与自身的关系和人与物的关系的交互作用	人的分析性能力的提高与知识的积累
人与自身的关系和人与天的关系的交互作用	人的绿色化；人的整体性思维能力的提高

---

① 此表来自作者的博士论文：甘晖. 环境社会系统中的四种基本关系研究[D]. 北京大学博士学位论文，2009.

续表

关系或关系之间的一级交互作用	建设生态文明要完成的工作或达成的目标
人与自身的关系和人与人的关系的交互作用	主要体现为集体与个体的关系。充分发展个体的创造性，实现多样性；合理的制度与个人价值取向，促进社会和谐
人与人的关系和人与物的关系的交互作用	经济人性化；避免人与人关系对人与物关系的不当干涉；将人与人和人与物的关系引导到理性、健康发展的道路上来
人与人的关系和人与天的关系的交互作用	社会绿色化；避免传统人天关系中的魅影和误解对个人和社会的不当作用；甄别和发扬传统人天关系的优秀因素
人与天的关系和人与物的关系的交互作用	在认识上分析和整体并重；在物质流上实现两者的调和

表 3-1 中涉及的目标或需要完成的工作在一些文献中有所涉及，不过通过运用三种生产四种关系的框架，使得这些目标或工作形成了一个有机的结构。这些目标或工作涉及面很广，下面我们主要对与环境要素有关的目标或工作进行梳理，并应用三种生产四种关系的框架重新界定它们的内涵。

3.5.1 （个）人的绿色化（生态化）、自我实现的绿色化

20 世纪六七十年代以来，随着对环境问题的社会认识、社会建构及环境运动的兴起，对人与自然关系的认识及生态与环境伦理的研究也有了长足的发展，形成了"人类中心主义"和"自然中心主义"两大流派。[①]这两大流派的大多数分支关注人、生物、非生物在伦理体系中的地位，但是较少从人本身出发考虑生态与环境伦理体系的建构。不过，深层生态学是个例外。

深层生态学的伦理体系有两个核心观点：一个是生物圈平等的理念，另一个是"大写的自我实现论"。[②]"大写的自我实现论"虽然借用了马斯洛的需要层次理论中自我实现的提法，但是实际上重新界定了自我实现的内涵。这里的"自我"是与大自然融为一体的"大我"[Self，以大写字母开头，以区别于弗洛伊德的"自我"（self）]；自我实现过程是人不断扩大自我认同对象范围，直至超越整个人类而包括非人类世界的整体认识过程；"大我"不仅包括了生理意义上的"我"，而且包括全人类和整个生物圈；"大写的自我实现论"认为个体的利益与整体的利益是一致的。[③]深层生态学把人与自然、个体与社会作为一个整体看待的整体论视角是有积极意义的，但是也招致一些批评：一是非人类中心主义降低了人的尊严，

---

① 赵勇，季民，王晓玲，等. 西方人与自然伦理关系思想述评[J]. 西北农林科技大学学报（社会科学版），2005，5（6）：109-114.

② 胡晓兵. 深层生态学及其后现代主义思想[J]. 东北大学学报（社会科学版），2003，5（5）：317-319.

③ 赵勇，季民，王晓玲，等. 西方人与自然伦理关系思想述评[J]. 西北农林科技大学学报（社会科学版），2005，5（6）：109-114.

被贴上"具有反人类倾向"的标签；二是忽视了发展中国家的发展权，被认为具有一定生态帝国主义色彩。[①]

深层生态学的自我实现论的另一个缺陷是可操作性差。"大写的自我实现论"将马斯洛提出的自我实现的多种方式简单化为一种，对人的伦理要求倒向了"道德理性"的一边，忽视了人的需要及自我实现方式的多样性。这也导致了深层生态学在欧美等国遭受诟病。

从四种关系的角度来看，人的绿色化（生态化）是指人的各种需要的绿色化，意即人的需要结构及满足各种需要的手段、方法和结果是尽可能生态环境友好的。人的绿色化是实现生态文明的微观基础，只有绝大多数成员或所有成员都"绿色化"的社会才可能真正实现生态文明，否则"囚徒困境"中的博弈依然会将人类带往"公地的悲剧"。

由于人的需要具有层次性，而且不同层次的需要的绿色化的潜力不同，因此，对于主要需要处于不同层次的不同人群来说，人的绿色化是不同的。期望生存在饥饿中或饥饿边缘的人们以绿色的自我实现为人生目标是个遥远且无实际意义的问题；对于发展中国家来说，生存权和发展权无疑是首要的。而对于某些发达国家或地区来说，一味地追求所谓的安全而着力于发展大规模的所谓防御性武器系统则与安全需要的绿色化理念之间难有必然的联系。

对于基本的生理和安全需要都得到比较好的满足的人来说，自我实现的绿色化是人的绿色化的关键。自我实现的绿色化有两种方式，一种是直接"把绿色镶嵌在自身实现"中，即把绿色的生活方式直接作为自我实现的一部分；另一种则是通过其他的需要与自我实现中的一些品格或美的要素相结合，从而达成自我实现的绿色化，例如，当绿色出行成为一种被尊重的时尚时，对公共交通、自行车、步行等手段的需求就会上升，从而减少能源消耗和温室气体排放，也就实现了"绿色化"这一美德，部分满足了自我实现的需要。

人的绿色化的前提之一是人类能够认识并反思自己的行为。"事实上，我们一天天地学会更正确理解自然规律，学会认识我们对自然界的习常过程所作的干预所引起的较近或较远的后果。"[②]这些后果中包括影响和破坏生态环境带来的："西班牙的种植场主曾在古巴焚烧山坡上的森林，以为木灰作为肥料足够最能盈利的咖啡树施用一个世代之久，至于后来热带的倾盆大雨竟冲毁毫无掩护的沃土而只留下赤裸裸的岩石，这同他们又有什么相干呢？"[③]

人的绿色化的前提之二是人类在反思自身行为的基础上，会调整自己的行为。

---

① 胡晓兵. 深层生态学及其后现代主义思想[J]. 东北大学学报（社会科学版），2003, 5（5）：317-319.

② 恩格斯. 自然界和社会[A]. 见：马克思，恩格斯. 马克思恩格斯选集（第4卷）[C]. 中共中央马克思、恩格斯、列宁、斯大林著作编译局编译. 北京：人民出版社，1995：384.

③ 同上：386.

20 世纪六七十年代以来的环境公害事件的发生及其以后的环境运动的出现、环境保护力度和公众环保意识的增强，都是人类调适自己行为的表现或结果。

人类对生态环境问题的反思是一种宏观的社会行为。但是要落实反思的结果，其要害是必须把宏观反思转换为每个个体的微观行为——很难想象一个绝大多数人都以财富最大化为个人自我实现目标的社会可以真正地实现生态文明。这就需要逐步、逐渐地调整个人的价值观，促进绿色生产和绿色消费，亦即需要实现人的绿色化。

人的绿色化需要社会的引导和支持。由于个体信息的有限性，个体在考虑人与天的关系的时候常常是信息不足和不充分的。另外，在处理人与天关系中可能涉及的环境外部性及公地悲剧式的外部条件都可能导致个体之间的非合作博弈而给生态环境带来损害，所以，人的绿色化需要公共信息的支持和适当的引导。建构一定的绿色文化是重要的手段之一。这或许是舒马赫从佛教经济学、基督教经济学的角度研究、发掘两大宗教中的生态观点，[1]以增加促进可持续发展的手段的初衷吧。

3.5.2　经济人性化

蔡丛露分析了中国大陆改革开放以来的经济道路，其中，使用了"经济人性化"这一提法。[2]张明月考察了经济人性化的历史，认为"经济人性化"是一个动态发展的过程。[3]

张象枢认为，人类在与自然环境进行物质交换的过程中，人类一方面获得劳动的产品及服务，另一方面也给人类与环境双方带来了或正面或负面的影响。[4]其中，对人的影响中，既有符合人性的要求的正面影响，也有违背人性要求甚至反人性的负面影响。所以，在发展经济的同时还要实现经济人性化，"把经济发展与人的发展综合起来，充分发挥经济系统对于社会系统的存续与发展的正面的积极作用。"

从四种关系的视角看，经济人性化是指经济活动的结构、形式、产品等能更符合人性的要求，能更好地促进或增进人的生存、安全、良好的社会关系、活力、创造力等，最终达到促进人的全面发展的目的。具体来说，在加工、利用自然资源的过程中，应该充分地考虑到人的需要，使得生产者具有良好的工作环境，消费者能更多地获得效用、维护，以及回收者能更方便地完成工作，从而更好地增

① 舒马赫 E F. 佛教经济学[A]. 见：赫尔曼·E·戴利，肯尼斯·N 汤森. 马杰，钟斌，朱又红译，范道丰校. 珍惜地球——经济学、生态学、伦理学[C]. 北京：商务印书馆，2001：182-207.

② 蔡丛露. 中国经济的人性化发展道路[J]. 改革与战略，2003，增刊：45-47.

③ 张明月. 经济人性化的理性反思[D]. 南京农业大学硕士学位论文，南京农业大学图书馆，2004.

④ 张象枢. 可持续发展经济学基本假设与可持续经济系统特征[J]. 中国地质大学学报（社会科学版），2007，7（3）：27-30.

进人的福祉，促进人的需要的满足或向更高层次转移。

经济人性化注重经济对人的需要的满足，但不主张对异化为贪欲的需求的满足。

在不同地区、不同发展阶段、不同行业，经济人性化的重点有所不同，例如，在当今中国，生产安全是许多劳动密集型行业经济人性化十分重要的内容；产品安全，尤其是食品安全是当今国人关注的焦点之一。从一定意义上说，中国社会的基本需要已经从生存需要转向安全需要，甚至归属和爱的需要，如果对这一点认识不清，则有可能导致一定的社会问题，例如，导致厦门海沧 PX 项目迁址的公众参与行为的动因正是来自 PX 项目可能带来的环境方面的不安全感。对一些发达国家来说，调整消费结构和生产结构，变欲望导向为需要导向则具有十分重要的现实意义。

工业界的一些企业已经在这方面作出努力，并取得一定的成果，例如，飞利浦在设计投影机的时候就已经引入经济人性化这一概念，主要内容有：降低使用成本——长寿命灯泡和智能省电技术；降低技术支持成本——智能调整技术和色彩跟踪技术；降低维护成本——可靠的智能通风系统和值得信赖的售后保证。[1]

3.5.3　经济生态化

陈福祜在总结国外生态经济学学术观点时，认为鲍尔丁的宇宙飞船经济学实质上要求"经济生态化"，即要求重新确定人类社会中经济子系统的地位，放弃单纯运用经济增长对社会进行总评价的思路，转向以保证、促进人的身心健康发展的生活质量为标准。[2]

张象枢认为"经济生态化是经济向生态日趋合理转型的过程"[3]。在这个过程中，经济子系统不断增加对生态子系统的功能，加大对生态子系统的正面影响，缩小乃至消除经济子系统对生态子系统的不利影响。

本书认为，经济生态化是经济子系统和生态子系统相互制约、相互适应、相互调整的过程。从三种生产四种关系框架的角度来看，经济生态化是促进人与天的关系和人与物的关系的交互作用良性化的过程；在此过程中，物资生产子系统与人的生产子系统中，人与人的关系和人与自身的关系是共同演化的，其主要目的是把来自环境生产子系统的压力有效地转化为物资生产子系统的外在约束，使其适应环境生产子系统的有限输出；物资生产子系统还为环境生产子系统提供新的技术和物资设施，以提高环境子系统承载物资生产子系统要求的输出和输入能

① 技术及设计之厂商主张：经济人性化——飞利浦投影机的 TCO 概念[J]. 《计算机世界》杂志社，2004，（5）：54.

② 陈福祜. 国外生态经济学术观点评价（三）[J]. 生态经济，1986，（2）：42-46.

③ 张象枢. 见：叶文虎. 可持续发展的新进展（第 1 卷）[M]. 北京：科学出版社，2007.

力。换言之，经济生态化是传统经济方式的改变与完善，即经济结构、经济生产过程、经济产品的使用与服务、经济产品的废弃与处置的生态化。经济生态化是一个较长的过程，如果没有足够的外在动力或者压力，经济生态化的速度难以令人满意；但是，过大的经济生态化压力可能会使经济子系统难以承受。

3.5.4 社会公平

在世界环境与发展委员会提交的可持续发展报告中，公平和公正被作为基本的观点之一。[①]此外，该报告认为可持续发展不仅要符合代内公平的要求，而且要求建立代际公平的原则，"既满足当代人的需要，又不对后代满足其需要的能力构成危害的发展"。

公平可以体现在社会生活的许多方面，有政治公平、经济公平、环境公平、教育公平等。

从公平的起终点和过程看，有程序公平、结果公平、起点公平。

Daly 从资源有限性的角度和当前人口数量的事实出发，认为可持续发展所需要的稳态经济必须建立在更加公平分配的基础上："过于贫穷的人不会考虑可持续性的问题"；"过于富裕的人消耗了大量有限的资源，这很可能剥夺了后代基本的生存手段"。[②]

公平是人与人的关系在环境社会系统中，与其他关系交互作用，共同演化的过程和结果。在不同的发展阶段和历史时期，对于不同的文化背景的国家或地区，其发展公平的工作重点不同。静态地看，教育公平、经济公平、环境公平主要分别对应于人与自身的关系、人与物的关系、人与天的关系三者及其和人与人的关系的交互作用。

当前，经济公平、教育公平应该是我国发展公平的重点。

3.5.5 社会绿色化（含资源节约型、环境友好型社会）

在一定的资源与环境约束下，社会的绿色化是可持续发展的必然选择。从理论上来说，社会的绿色化主要包括 3 个方面。

（1）全社会不断提高资源利用率，节约使用资源及资源的制成品，减少从自然中索取资源的过程，是谓建设"资源节约型社会"。

（2）人们日渐合理利用环境容量，减少向自然界排放污染物，并不断将难以降解的污染物通过多种手段消纳或转化为自然易于消纳的污染物，或采用易于降

---

① 世界环境与发展委员会（WCED）. 我们共同的未来[M]. 王之佳，柯金良等译. 长春：吉林人民出版社；1997.

② Daly H E，Farley J. 生态经济学——原理与应用[M]. 徐中民，张志强，钟方雷等译校. 郑州：黄河水利出版社，2007：274.

解的替代品的过程，是谓建设"环境友好型社会"。

（3）以上两个方面是从环境生产、物资生产和人的生产的界面来看问题的。除了这两个角度以外，还可以从人与人的关系来看：社会的绿色化还需要一定的文化与制度的支持。

社会的绿色化和人的绿色化是互相联系的。社会的绿色化需要通过一定的制度转化为每个主体的动机和行为。而人的绿色化需要达成的目标则有赖于社会绿色化目标的分解、传递，以及在人的社会化过程中提供有效的支持与正面激励的氛围。如果"绿色化的人"能够在社会中得到高度的尊重和支持，社会的绿色化和人的绿色化都会更加容易实现。

3.5.6　人的分析性能力的提高与知识的积累

当代中国正试图从农业文明时代直接跨入生态文明时代，也就是说工业文明、生态文明这两步并作一步。在注重整体性思维的传统优势的同时，培养与提高人的分析性能力、"祛魅"、积累知识等也是非常重要的，我们不仅要做到人与自然的和谐，还要做到更好地物尽其用。

3.5.7　生态文明实践的多样性

生态文明实践的承载基础是生态系统，生态系统具有多样性。一是生态系统的种类繁多，包括森林生态系统、草原生态系统、海洋生态系统、河流生态系统、湿地生态系统、农田生态系统、城市生态系统等。二是同类的各个生态系统各不相同。长江和闽江都是河流生态系统，但是在流域范围、经济地理条件、物种、环境保护情况等方面存在巨大的差异。三是生态系统中还存在物种多样性和遗传多样性。

人的需要是多样的。不同的主体有不同的需要结构。就同一层次的需要来说，不同的人的满足方式有差异，如饮食，东西方差异很大，我国的南、北方差异也不小；在低层次的需要得到满足以后，往高层次需要转移时，在高层次的分布也是不同的。

生态系统对人的需要产生影响。生态系统的产出，包括食物，是人的生存基础。人的气质、食物、审美等可能受到其所在的生态系统的影响。

人类文化存在多样性。不同的民族、地区、国家有不同的文化。体现在宗教、艺术、建筑、饮食、经济结构、社会组织方式等社会、经济生活的各个方面。同一制度在不同的文化载体中的运行结果可能是不同的。

由于生态系统、人的需要、人类文化具有多样性，因此，人类的生态文明实践不可避免地存在多样性。在开展生态文明实践时，一方面需要从实践中汲取、提炼出一般性、可复制、可推广的经验和原则；另一方面要注重多样性研究，注重分析区域差异。两方面的工作都很重要。

3.5.8 "四关畅达"是生态文明社会的必要条件

除了上述工作或目标以外，表 3-1 中列出的其他工作或目标亦是十分重要的。要实现生态文明社会，表 3-1 中的工作或目标都必须完成或实现。实现了这些目标，四种关系应当就协调了、顺畅了、通达了，简称为"四关畅达"。

"四关畅达"了，生态文明社会就应该差不多实现了。如果四种关系不够畅达，生态文明社会应该还没有实现。也就是说，"四关畅达"是实现生态文明社会的必要条件。

是不是还有其他重要的条件遗漏了呢？暂时还想象不出。但是，作为研究者，应该保守一点、稳妥一点。所以，只把"四关畅达"作为生态文明社会实现的必要条件，而不是充分必要条件。

值得注意的是，生态文明建设和生态文明社会都是生态文明的相关用语，有时被混用。严格来说，两者有一定的区别。生态文明建设可以是迈向生态文明社会时做的工作，也可以是实现了生态文明社会之后的持续努力，从这个意义上来说，生态文明建设"始终在路上"。生态文明社会好像农业文明社会、工业文明社会一样，是一种文明形态的具体体现。在一定语境下，两者有时都被简称为生态文明，这时，更容易发生混淆。

如果用视角化方式来直观地、形象地表达，不畅达的四种关系可以参见示意图 3-1。畅达的四种关系示意图可以参照图 1-3。

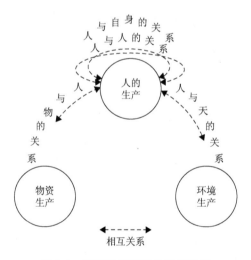

图 3-1　不畅达的四种关系示意图

诚然，要详尽地论述表 3-1 中列出的各个目标或工作是一项庞大的任务，非短时间、小团队可以完成。因此，作者冒昧地抛砖引玉，希望大家提出宝贵意见。

第四章　三种生产四种关系的框架核心观点总结

这样，我们就构建了三种生产四种关系框架。由于内容跨越两卷，因此为了便于读者理解，在本章中简单归纳一下三种生产四种关系框架的核心观点。

4.1 可以把世界系统划分成 3 个成环状联系、存在物质流动的子系统

三种生产可以把最大的环境社会系统，即世界系统分成 3 个子系统，包括人的生产、物资生产、环境生产。[①]

生产是指一个系统或子系统有物质参与而产生输出或变化的过程。

物资生产指人类从环境中索取生产资源并接受人的生产环节产生的消费再生物，并将它们转化为生活资料的总过程。该过程生产出生活资料去满足人类的物质需求，同时产生废弃物返回环境。

人的生产指人类生存和繁衍的总过程。该过程消费物资生产提供的生活资料和环境生产提供的生活资源，产生人力资源以支持物资生产和环境生产，同时产生消费废弃物返回环境，产生消费再生物返回物资生产环节。

环境生产指在自然力和人力共同作用下，环境对其自然结构和状态的维持与改善，包括消纳污染（加工废弃物、消费废弃物）和产生资源（生活资源、生产资源）。

每个子系统都与其他子系统存在双向的联系。

3 个子系统之间形成物质流。

如图 4-1 所示，3 个子系统形成了一个环状的结构。

三种生产把世界系统划分为 3 个子系统，并着重描述了系统间的物质流动。是什么影响了三种生产中的物质流动呢？或者形象地说，其"意识流"根源是什么？

[①] 叶文虎，陈国谦. 三种生产论：可持续发展的基本理论[J]. 中国人口·资源与环境，1997，7（2）：14-18.

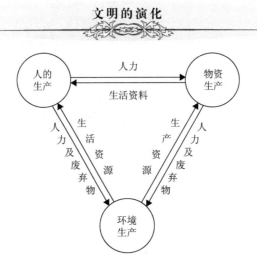

图 4-1　三种生产示意图

参照叶文虎 1997 年文章简化

4.2　环境社会系统的四种基本关系：文明演化的基本驱动力

在 3 个子系统之间或子系统的主要元素之间存在四种基本关系，包括人与人的关系、从整体性视角对待的人与自然的关系、从分析性视角对待的人与自然的关系、人与自身的关系。

人与人的关系主要指人类社会的政治、经济、军事、科学、技术及宗教等完全由人类自己构造的社会体系。[①]

人与自然的关系指人类的生存活动与自然界之间的相互影响和相互制约的过程。[②]

在文明史中，人与自然的关系分化成两个关系[③④⑤]：

一个是指以分析性视角处理人与自然的相互作用，以及在此基础上形成的知识与观念；其哲学基础的典型代表是主客恶性二分的机械唯物论；有时，我们把这个关系简称为"人与物的关系"。

另一个是指以整体性视角对待人与自然的相互作用，以及在此基础上形成的知识和观念；其哲学基础的典型代表是中国古代的主客交融的天人合一观；有时，我们把这个关系简称为"人与天的关系"。

---

① 叶文虎，宋豫秦. 从"两条主线论"考察中国文明进程[J]. 中国人口·资源与环境，2002，12（2）：1-4.

② 同上.

③ 甘晖，叶文虎. 生态文明建设的基本关系：环境社会系统中的四种关系论[J]. 中国人口·资源与环境，2008，18（6）：7-11.

④ 甘晖. 环境社会系统中的四种基本关系研究[D]. 北京大学博士学位论文，2009.

⑤ 甘晖，叶文虎. 再论生态文明建设/环境社会系统的四种基本关系[J]. 中国人口·资源与环境，2011，21（6）：118-124.

从人与自然分化出来的两种关系都是理想型。所谓理想型，是马克斯·韦伯提出的一个社会学概念，有些类似于物理学中的理想气体、绝对零度，或类似于数学中的极限概念。也就是说，可以趋近它，但它并不独立或实际存在。

人与自身的关系是指在一定的物质与社会环境下，人对自身存在的意义与生活方式的认识（包含意识和本能）及其对物质与社会环境的反作用。为了方便讨论，我们引入马斯洛的五层次动机理论用来解释这个关系。马斯洛的理论只解释个体的动机，在这里，需要扩展到群体、组织，乃至社会；具体的论证将另行说明。另外，需要说明的是，在马斯洛的理论中，没有明确提出这样的原则：人的行为试图让自己的需要的满足最大化。这或许是因为要数量化这样的原则相当困难吧。不过，如果在马斯洛的体系中定性地增加这一原则，并不会和其他内容相悖。

四种关系是世界系统的基本关系，因此，也是人类文明演化的基本驱动力。

四种关系和三种生产形成如图 4-2 所示的结构。

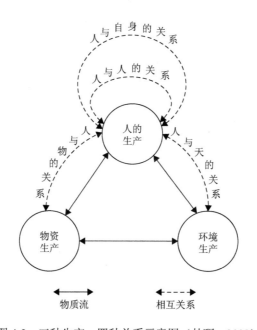

图 4-2　三种生产、四种关系示意图（甘晖，2008）

4.3　四种关系中意识与能动作用的一面构成了三种生产中的"意识流"

四种关系影响了世界系统的运行。人类可以在一定程度上调适四种关系。

所有的四种关系都包括两个方面。一方面是物质性的制约与交互作用；另一方面是意识及其能动作用。后者的总和构成了三种生产中的"意识流"。

为什么叫"意识流"呢？因为这四种关系相互作用，在一定条件下互相变化，并影响了三种生产的 3 个子系统的物质流动，例如，在中国古代，天人合一的思想十分盛行。具体的示例很多，正反两面都有：古代的皇帝相信陵墓的风水影响了他们身后的幸福和子孙的运气。这种对人与自然关系的整体性视角的认识成为皇帝自我实现的重要内容，进而通过人与人的关系进行选址、建造，深刻地影响了 3 个子系统的物质流和状态。在多个朝代，皇帝们为修建陵墓耗费了巨大的财力。就汉代来说，"皇帝即位一年以后，就开始为自己建造陵墓，直到皇帝死，才停止营建。皇帝在位时间越长，陵墓修建得越好。除陵寝之外，还要修建陵园，以供祭祀死者之用……关于汉代皇陵的建造费，史书中有一段话：'汉天子即位一年而为陵，天下贡赋三分之，一供宗庙，一供宾客，一充山陵。'[①]"[②]虽然这个数字未必是确切的，但是可以肯定汉代修建皇陵的支出是巨大的。又如，中国古代的《黄帝内经·素问》认为："夏三月，此谓蕃秀，天地气交，万物华实，夜卧早起，无厌于日，使志无怒，使华英成秀，使气得泄，若所爱在外，此夏气之应，养长之道也。逆之则伤心，秋为痎疟，奉收者少，冬至重病。"这种对人与天的关系的认识，传递到人与自身的关系，影响了人的动机和行为，以希望保持或恢复健康。有人还将这个原理与中医药或针灸相结合，形成了夏天治秋冬病的药物和方法——三伏贴或三伏灸，并进行药物或器具生产，影响了人与物的关系。在三伏贴的宣传、推广、应用当中，又涉及医生与病人、病人与病人口口相授、认可三伏贴的人与反对三伏贴的人等人与人之间物质、信息、货币的流动，以及知识与经验的积累等。

"意识流"包括个体的意识和价值体系、社会的激励结构、个体或社会对环境社会系统的认识和知识、个体的意识和价值体系的加总及与社会激励结构的互动等。

要实现生态文明社会，"四关畅达"是必要条件。

在四种关系中，"人与自身的关系"的满足程度与变化情况是文明稳定与发展的核心动机要素。

4.4 其他

"三生共赢"是环境社会系统优化发展的根本目标和判别准则，参见第一卷第

---

① 房玄龄等. 晋书·索靖子綝传. 见：孙翊刚，王文素. 中国财政史[M]. 北京：社会科学出版社，2007：95.

② 孙翊刚，王文素. 中国财政史[M]. 北京：社会科学出版社，2007：95.

三章第二节。[1]

关于三种生产中物质流的展开论述，参见第一卷第四章。[2]

关于三种生产中 3 个子系统及其相互间联系（侧重物质流视角）的展开论述，参见第一卷第五章。[3]

关于人与人的关系——博弈与社会资本，参见第一卷第六章第二节。[4]

关于物的分化与属性，参见第一卷第六章第三、第四节。[5]

---

[1] 叶文虎, 甘晖. 文明的演化：基于三种生产四种关系框架的迈向生态文明时代的理论、案例和预见研究（第一卷）[M]. 北京：科学出版社，2015：41-46.

[2] 同上：47-60.

[3] 同上：61-88.

[4] 同上：89-99.

[5] 同上：99-109.

第五章 三种生产论和两种生产论的内在逻辑联系[①]

在马克思的早期著作中就出现过两种生产的思想:"生活的生产——无论是自己生活的生产(通过劳动)还是他人生活的生产(通过生育)——立即表现为双重关系,一方面是自然关系,另一方面是社会关系。"[②]

恩格斯在总结马克思思想的基础上,明确提出了两种生产理论:"根据唯物主义的观点,历史中的决定性因素,归根结底是直接生活的生产和再生产。但是,生产本身又有两种。一方面是生活资料,即食物、衣服、住房以及为此所必需的工具的生产;另一方面是人自身的生产,即种的蕃衍。"[③]

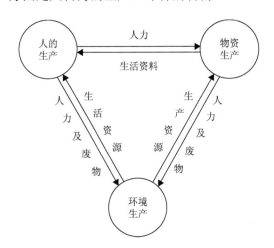

图 5-1 三种生产示意图

参照叶文虎等 1997 年文章简化

当代我国学者叶文虎和陈国谦于 1997 年明确摆出了"三种生产论",绘制了物质在三种生产间流动的环状图形,并认为其是可持续发展的基本理论。[④]

有趣的是,英国生态经济学家 Gowdy 和 Erickson[⑤]提出的框架的内在结构与

---

① 本章成稿于 2012 年上半年。

② 马克思. 马克思恩格斯全集(第 3 卷)[M]. 北京:人民出版社,1956:33.

③ 恩格斯. 家庭、私有制和国家的起源[M]. 北京:人民出版社,2003:第一版序言.

④ 叶文虎,陈国谦. 三种生产论:可持续发展的基本理论[J]. 中国人口·资源与环境,1997,7(2):14-18.

⑤ Gowdy J M, Erickson J D. The approach of ecologicaleconomics[J]. Cambridge Journal of Economics, 2005, (2):207-222.

图 5-1 较相似——这多少有些殊途同归的意味。国内一些学者，如刘国涛[①]、徐静和徐梅[②]，也对三种生产论做了深入研究。

两种生产论和三种生产论之间有着一种什么样的联系？能否从马克思、恩格斯的著作中找到这种联系的启示呢？经过数年文本研究，本书发现，两种生产论和三种生产论之间确实有相当密切的逻辑联系。

本章还运用三种生产论分析物质流"新陈代谢"的断裂。

5.1 三种生产论思想是马克思恩格斯两种生产论思想的自然延伸和扩展

恩格斯的两种生产论，把人类社会分为两个子系统：一个是人的生产子系统；另一个是生活资料及必需工具的生产子系统，简称为物资生产子系统。[③]物资生产子系统为人的生产子系统提供生活资料，而人的生产子系统为物资生产子系统提供人力。由此，可以给出两种生产论的示意图，如图 5-2 所示。

图 5-2 两种生产示意图

比较图 5-2 和图 5-1，可以得到两点看法。

一是两种生产论是对人类社会系统内部物质流关系进行的抽象与概括，自然环境作为系统外部的"背景条件"。而三种生产论则是对"环境社会系统"内部的物质流关系进行的抽象与概括，因此，自然环境与人的生产和物资生产的联系就成为系统内部的关系。二是从人的生产活动和物资生产活动必须持续运行的角度看，它们都必须能够进行"再生产"，而这两者的再生产的得以进行都有赖于自然环境的持续支持和容纳。自然环境是否扮演着向人的生产和物资生产提供物质的角色呢？正如马克思所说："在实践上，人的普遍性正表现在把整个自然界——首先作为人的直接的生活资料，其次作为人的生命活动的材料、对象和工具——变成人的无机的身体。"[④]"自然就以土地的植物性产品或动物性产品的形式或以渔

① 刘国涛. "环境生产"的马克思主义理论解读及其法学意义[J]. 马克思主义研究，2009，（10）：103-113.
② 徐静，徐梅. 用三种生产理论指导资源型城市转型[J]. 贵州社会科学，2005，（2）：21-23.
③ 恩格斯. 家庭、私有制和国家的起源[M]. 北京：人民出版社，2003：第一版序言.
④ 马克思. 马克思恩格斯全集（第42卷）[M]. 北京：人民出版社，1979：95.

业等产品的形式，提供出必要的生活资料。"①这两段话至少有两层含义：一是表明了马克思指出自然环境向人的生产活动提供生活资料；二是表明了马克思认为自然环境同时也向物资生产活动提供生产资料。

在《资本论》第三卷第一篇第五章"生产排泄物的利用"中，马克思明确地指出："生产排泄物和消费排泄物的利用，随着资本主义生产方式的发展而扩大。我们所说的生产排泄物，是指工业和农业的废料；消费排泄物则一部分指人的自然的新陈代谢所产生的排泄物，另一部分指消费品消费以后残留下来的东西。"②这些排泄物最终排泄到何处？显然，只能是自然环境，即环境生产子系统。这样，"生产排泄物"事实上属于物资生产子系统输出到环境生产子系统的物质流，而"消费排泄物"则属于人的生产子系统输出到环境生产子系统的物质流。在当代环境科学中，把"生产排泄物"和"消费排泄物"统称为废物。于是，就可以把图5-2中缺少的两个箭头补齐，得到图5-3。图5-3和图5-1很接近了，但是还差欠指向环境生产子系统的两个箭头上的文字所说的"人力"部分。

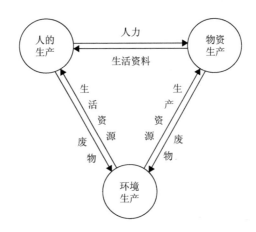

图 5-3　从两种生产到三种生产中间步骤示意图

这一差欠意味着还需要说明两个方面。一是人类可以通过劳动从环境生产子系统中获取生活或生产资源，二是除了倚靠自然力以外，还可以通过劳动改善或提高环境生产的能力。关于第一个方面，前面已经论述过，环境生产子系统向人的生产子系统提供生活资源，向物资生产子系统提供生产资源。完成这样的物质流的手段是什么？不证自明，"天上不会掉馅饼"，只能依靠劳动。关于第二个方面，马克思也作了论述："随着自然科学和农艺学的发展，土地的

① 马克思. 资本论（第3卷）[M]. 北京：人民出版社，2004：713.
② 马克思. 资本论（第3卷）[M]. 北京：人民出版社，2004：115.

058

肥力也在变化，因为可以使土地的各种要素立即被利用的各种手段发生变化。另外，有的土地之所以被看成坏地，并不是因为它的化学构成，而只是因为某些机械的、物理的障碍妨碍它的耕作，所以，一旦使用上了克服这些障碍的手段，它就变为好地了。"① "资本能够固定在土地上，即投入土地，其中有的是比较短期的，如化学性质的改良、施肥等。"②可见，人通过劳动，无论是直接劳动或者借用工具的劳动，都可以提高或者改善环境生产的能力。而人如何安排自己的劳动，发挥好主动性，则和人对自然的认识及对人与自然关系的认识密切相关。

综上可见，两种生产论和三种生产论之间存在着紧密的逻辑联系，三种生产论与马克思恩格斯的生态思想是完全吻合的，或者说实际上也蕴含于马克思恩格斯思想之中。

在马克思、恩格斯的时代，随着工业化进程的快速推进，已经出现了比较多的局部环境问题。马克思和恩格斯也意识到这些问题，并作了相关的论述。但是，也应该看到，整个工业文明时代的环境问题直到20世纪中叶才突显为一个重要的社会问题。因此，在文字和图形上明确表述三种生产论是当代马克思主义研究的一个重要成果。

5.2　从三种生产中3个子系统之间的联系看"新陈代谢的断裂"

约翰·贝拉米·福斯特认为，"新陈代谢"这一概念贯穿马克思著作的始终，可以将它作为核心思想来重新诠释马克思。③所谓"新陈代谢"，德文为"Stoffwechsel"，在德中字典中常被译成"新陈代谢"，在《资本论》的中译本中多被译成"物质变换"，个别地方译成"新陈代谢"。福斯特的研究成果在生态马克思主义研究领域产生重要的影响，国内学者刘仁胜④、康瑞华⑤、陈学明⑥、郭剑仁⑦、何萍⑧、陈永森

---

① 马克思. 资本论（第3卷）[M]. 北京：人民出版社，2004：870.

② 同上：698.

③ 约翰·贝拉米·福斯特. 马克思的生态学——唯物主义与自然[M]. 刘仁胜，肖峰译. 北京：高等教育出版社，2006.

④ 刘仁胜. 约翰·福斯特对马克思生态学的阐释[J]. 石油大学学报（社会科学版），2004，（1）：57-60.

⑤ 康瑞华. 批判、构建、启示：福斯特生态马克思主义思想研究[M]. 北京：中国社会科学出版社，2011.

⑥ 陈学明. 生态马克思主义对于我们建设生态文明的启示[J]. 复旦学报（社会科学版），2008，（4）：8-17.

⑦ 郭剑仁. 评福斯特对马克思的物质变换裂缝理论的建构及其当代意义[J]. 武汉大学学报（人文科学版），2006，59（2）：146-150.

⑧ 何萍. 自然唯物主义的复兴——美国生态学的马克思主义哲学评析[J]. 厦门大学学报（哲学社会科学版），2004，（2）：13-20，115.

和朱武雄①等对此作了介绍或深入研究。

约翰·贝拉米·福斯特还认为，"新陈代谢的断裂"是人与自然关系中的一个重要概念。②从三种生产论出发，可以比较方便地考察"新陈代谢的断裂"的类型。

三种生产把人类社会与自然环境组成的系统划分为 3 个子系统。"新陈代谢的断裂"首先是 3 个子系统之间联系的断裂。根据图 5-1 可以发现，这些"断裂"具体包括以下几种类型：①人的生产子系统与物资生产子系统之间的断裂。这又包含两个相反方向的断裂形式：一是人的生产子系统不能为物资生产子系统提供合适数量的人力（包括过多或过少，尤其是过多）；二是物资生产子系统不能为人的生产子系统提供足够的生活资料等。②人的生产子系统与环境生产子系统之间的断裂同样包含两个方向：一是人的生产子系统没有为环境生产子系统提供合适的人力或者人的生产子系统给环境生产子系统提供过多的废弃物；二是环境生产子系统无法为人的生产子系统提供足够的生活资料（包括生活条件）等。③环境生产子系统与物资生产子系统之间的断裂，具体内容与第②类似。断裂可能是全球性的，也可能是局部性的。这些断裂方式在马克思、恩格斯的著作中多有涉及。有的相关文本从原理上说明断裂的一般方式，有的则侧重具体的实例，两者时常结合在一起。时代在变迁，马克思所处时代的具体问题可能和今天的有所差别，因此，在进行文本分析时，要注意区分一般原理和具体事例。下面举几例说明。

"资本主义生产使它汇集在各大中心的城市人口越来越占优势，这样一来，它一方面聚集着社会的历史动力，另一方面又破坏着人和土地之间的物质变换（又译"新陈代谢"），也就是使人以衣食形式消费掉的土地的组成部分不能回到土地，从而破坏土地持久肥力的永恒的自然条件。"③"文明和产业的整个发展，对森林的破坏从来就起很大的作用，对比之下，对森林的保养和生产，简直不起作用。"④这两段话涉及人的生产子系统直接向环境生产子系统索取生活资料，以及人的生产子系统通过物资生产子系统向环境生产子系统的索取而引起的环境生产子系统的衰退。在这里，马克思先从宏观的视角判定了"人和土地之间的新陈代谢"被"破坏"的一般规律，接着结合他所处时代的问题，阐述了当时断裂的主要形式之一是"以衣食形式消费掉的土地的组成部分不能回到土地"。马克思同时代的科学家已经认识到这个问题，并且在研究如何改变这种断裂。直到 20 世纪前叶和中叶，人们能够大规模地生产化肥并施用，这种断裂才

① 陈永森，朱武雄. 福斯特对生态帝国主义的批判及其启示[J]. 科学社会主义，2009，（1）：152-156.

② 约翰·贝拉米·福斯特. 马克思的生态学——唯物主义与自然[M]. 刘仁胜，肖峰译. 北京：高等教育出版社，2006.

③ 马克思. 资本论（第 1 卷）[M]. 北京：人民出版社，2004：579.

④ 马克思. 资本论（第 2 卷）[M]. 北京：人民出版社，2004：272.

暂时得到全球性的遏制，虽然又由此引发了持续或不当施用化肥带来的土壤中重金属和有毒元素聚集、土壤酸化板结、土壤营养失调，乃至水体富营养化等新的、在人们当初的想象之外的具体问题，但是依然是"新陈代谢的断裂"，只是表现形式不同而已。

"这样，它同时破坏城市工人的身体健康和农村工人的精神生活……在农业中，像在工场手工业中一样，生产过程的资本主义转化同时表现为生产者的殉难历史，劳动资料同时表现为奴役工人的手段、剥削工人的手段和使工人贫困的手段，劳动过程的社会结合同时表现为对工人个人活力、自由和独立的有组织的压制。农业工人在广大的土地上分散，同时破坏了他们的反抗力量。在现代农业中，像在城市工业中一样，劳动生产力的提高和劳动量的增大是以劳动力本身的破坏和衰退为代价的。"[1]工人需要物资生产子系统提供的生活资料和环境生产子系统提供的生活资源用于自身的生产和再生产，但是，工人得到的生活资料十分有限，妨碍了工人自身生产和再生产的质量。不仅如此，工人所处的环境是恶劣的，无论是工作环境还是生活环境。因此，在这里，马克思描述了人的生产子系统中的一类主体——工人——有关的断裂迹象，即人的生产子系统中的局部与环境生产子系统、物资生产子系统之间的一种断裂迹象。

"但是资本主义生产通过破坏这种物质变换的纯粹自发形成的状况，同时强制地把这种物质变换作为调节社会生产的规律，并在一种同人的充分发展相适合的形式上系统地建立起来。"[2]在资本主义之前，相对于人的生产子系统和环境生产子系统，物资生产子系统是不发达的，人的生产子系统更显著、更直接地受制于环境生产子系统，人对自然的改造是有限的，人与自然之间的新陈代谢受人的意识的能动作用影响较小，是"纯粹自发形成的状况"。随着商业的发展、资本主义的形成与扩张，物资生产子系统的作用日益彰显。工业革命之后，随着化石能源等的应用，机器化大生产日益普及，物资生产子系统大量地从环境生产子系统中索取生产资源，将它们转化为生活资料或进一步生产的工具和中间产物，包括原先在自然界中不存在的大量化学物质，所以说"资本主义生产""破坏""物质变换（新陈代谢）的纯粹自发形成的状况"。

由此可见，资本主义工业化大生产从本质上改变了物资生产子系统的地位和作用，破坏了传统农业社会中人与自然"自发形成的状况"，同时导致了 3 个系统之间联系的断裂或断裂迹象，破坏了土地的持续利用和工人的持续发展。"一个国家，如北美合众国，越是以大工业作为自己发展的基础，这个破坏过程就越迅速。因此，资本主义生产发展了社会生产过程的技术和结合，只是由于它同时破坏了

---

① 马克思. 资本论（第 1 卷）[M]. 北京：人民出版社，2004：579.

② 同上.

一切财富的源泉——土地和工人。"①资本主义国家也可能通过生态危机的转移、转嫁，改善国内或某个地区的新陈代谢断裂问题，但是，从全球性的视角看，人的生产子系统通过物资生产子系统对环境生产子系统的影响没有整体性地消除或减弱新陈代谢的断裂。今天，在某些领域，这种断裂愈演愈烈，影响甚至威胁人类的生存，例如，大量温室气体排放导致极端天气增加、海平面上升等严重问题，有些影响很可能是不可逆的。

5.3 结语

改革开放三十多年来，我国经济社会等各项事业快速发展，同时资源与环境约束日益突显，资源环境问题与其他问题相互交织，呈现复合化、压缩化的态势。正是在这样的时代背景下，中国共产党"十七大"提出"建设生态文明"的重大任务。在"重读马克思"的过程中，挖掘和整理马克思恩格斯的具有系统科学特征的生态思想，有利于在理论上把握环境、社会、经济协调发展的合理性和必要性。

---

① 马克思. 资本论（第1卷）[M]. 北京：人民出版社，2004：580.

第六章　环境社会系统主要研究进展

在提出环境社会系统发展学和可持续性科学前后的这段时间里，学术界运用整体性视角开展有关环境问题的研究，并取得了大量的成果。这些成果涉及面很广，主要包括以下几大方向。

一大方向是环境社会系统发展学（可持续性科学）的基本研究内容、一般原则和方法。

另一大方向是涉及框架构建的研究。根据构建的框架的适用范围，框架研究又可以分为两大类，一类旨在建立一个普适性强的可持续性科学的一般框架，另一类是建立适合一个较小的具体问题或情景的框架。

其他的研究方向主要包括共同演化、多样性、模型、案例等。

尽管国外学术界没有使用环境社会系统发展学[①]这一提法，但是，国际可持续发展学界的一些研究内容和环境社会系统发展学的研究内容是交叉的、相近的，甚至，在有些方面的研究相当深入。

因为研究内容庞杂和交叉，所以有些研究可能涵盖一个以上的方向。

6.1　主要的框架研究进展

6.1.1　引言

一般认为，环境社会系统的研究需要多学科交叉研究并形成一个新的框架。例如，Costanza 等认为，在集成可持续发展研究相关的系统时，需要一个结构性框架。[②]Rammel 等认为，构建一个共同演化的框架可以让人们更好地理解可持续资源管理系统。[③]Chapin III 等认为，持续的生态系统服务和生活资料供应要求人们通过积极的生态系统管护将人类的认识、价值、制度、行动、政府治理系统和生物圈的动力学重新连接；[④]资源管理者应扩展自身职能，不仅

---

① 叶文虎. 北大应努力发展划时代学科——环境社会系统发展学[N]. 北大大学校报，1999-6-4.

② Costanza R，Wainger L，Folke C，et al. Modeling complex ecological economic systems[J]. Bioscience，1993，43（8）：545-555.

③ Rammel C，Stagl S，Wilfing H. Managing complex adaptive systems-A co-evolutionary perspective on natural resource management[J]. Ecological Economics，2007，63：9-21.

④ Chapin III F S, Carpenter S R, Kofinas G P, et al. Ecosystem stewardship: sustainability strategies for a rapidly changing planet[J]. Trends in Ecology and Evolution，2009，25（4）：241-249.

承担可持续管理决策者的角色，还要使所有利益相关者（stakeholders）共同参与应对、形塑社会-生态变化并培育恢复力；在这个过程中，需要集成多学科的知识和方法，因此，构建好框架是一个可靠的起点。Kallis 和 Norgaard 认为，如果要在资源稀缺性论争中引入共同演化的观点，那就必须重新构建一个可持续发展的框架。[①]

Odum 等认为这类研究应该是 Interdisciplinary 而不仅是 Crossdisciplinary 或 Multidisciplinary 的。[②]这里涉及的 3 个前缀中，"Inter-"有"在一起、交互作用"的意思，"Cross-"是"横过"的意思，"Multi-"则表示"多，多个"。所以，"Crossdisciplinary""Multidisciplinary"可以有交叉学科、多学科的含义，但是，两者所指的交叉学科、多学科可以只是运用多学科的知识来解决一个或一些问题，但是学科之间的知识并未形成一个交融的体系。而"Interdisciplinary"的意思是，学科之间应该是交叉融合的；因此，只译成"交叉学科"还不够到位，若译成"交融学科"则更准确、传神。总之，对于新的可持续发展框架来说，传统学科之间的联系、交互作用、融合是必须的，且十分重要的。

6.1.2 社会-经济-自然复合生态系统框架

1984 年，马世骏和王如松等撰文指出："当代若干重大社会问题，都直接或间接关系到社会体制、经济发展状况，以及人类赖以生存的自然环境。社会、经济和自然是 3 个不同性质的系统，但其各自的生存和发展都受其他系统结构、功能的制约，必须当成一个复合系统来考虑，我们称其为社会-经济-自然复合生态系统。本文分析了该复合系统的生态特征，提出了衡量该复合系统的 3 个指标：①自然系统的合理性；②经济系统的利润；③社会系统的效益。指出复合生态系统的研究是一个多目标决策过程。"[③]社会-经济-自然复合系统的示意图见图 6-1。

文章还指出，人是复合系统中最重要的因素："在此类复合系统中，最活跃的积极因素是人，最强烈的破坏因素也是人。"[④]这为结合人的动机，进一步深化框架提供了宝贵的通道。

类似三维的划分还有 Daly 的可持续发展经济学。[⑤]

---

① Kallis G，Norgaard R B. Coevolutionary ecological economics[J]. Ecological Economics，2010，69：690-699.

② Odum E P，Barrett G W. Fundamentals of Ecology（5th edition）[M]. Belmont：Saunders，2002.

③ 马世骏，王如松. 社会-经济-自然复合生态系统[J]. 生态学报，1984，4（1）：1-9.

④ 同上.

⑤ Daly H E. 超越增长：可持续发展的经济学[M]. 诸大建，胡圣等译. 上海：上海译文出版社，2001.

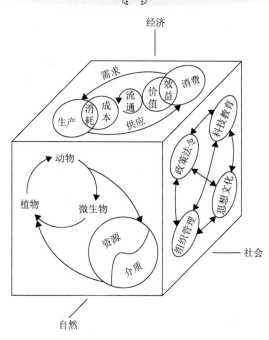

图 6-1　社会-经济-自然复合生态系统示意图（马世骏等，1984）

6.1.3　Elinor Ostrom 的多层次框架[1][2][3]

Elinor Ostrom 认为，在社会-生态系统的研究中，如果没有共同的框架来组织各种发现，分散的知识就不会积累。

Ostrom 还认为，人们可以设计一个一般的概念性框架作为进一步研究的起点。以此思路为指导，Elinor Ostrom 把 Agrawal 研究社会-生态系统得到的变量集整理、扩展、集成在一个网状的、多层式主从架构的 multitier 框架中。[4]这个框架包括若干个一级变量：资源系统、资源（生产）单元、治理系统、用户、上述四种组成的交互作用、最终结果和相关的生态系统、社会、经济和政治背景。这些一级变量可以分成 47 个二级子变量。根据研究的需要和侧重点，还可以进一步列出三级、四级变量等。变量的重要性和其所在的层次不一定相关，低层次的变量也可能是重要的。

① Ostrom E. A general framework for analyzing sustainability of social-ecological systems[J]. Science，2009，325：419-422.

② Ostrom E. A diagnostic approach for going beyond panaceas[J]. Proceeding of the National Academy of Science of the United States of America，2007，104（39）：15181-15187.

③ Ostrom E. Background on the institutional analysis and development framework[J]. Policy Studies Journal，2011，39（1）：7-27.

④ Agrawal A. Common property institutions and sustainable governance of resources[J]. World Development，2001，29：1649-1672.

Ostrom 使用这个框架及其中一些二级变量，定性地分析了 Hardin 的公地悲剧寓言，比较了"流寇"（roveing bandits）和"坐寇"（harbor gangs）的区别。[①]"流寇""打一枪换个地方"，彼此又独立决策，因此，对资源系统造成的后果类似于公地的悲剧。"坐寇"根扎于当地社区，可能已经在当地生活了很多世代，他们和与他们有密切交互作用的人、事务建立了相互可信的规范，并且也获得了关于资源系统和其基本单元的知识。因此，相对于"流寇"，"坐寇"可能更有利于资源系统的可持续利用。

Ostrom 认为，可以使用这个框架来分析资源系统，如渔场、湖、牧场；资源系统的基本单元，如鱼、水、草料；资源系统的使用者们；治理系统是如何直接影响以上各要素的，以及如何在特定的时间和地点受交互作用和产生的结果间接影响以上各要素的。这个框架也可以用来分析一个系统的属性如何影响它所在的、更大的系统的社会、经济、政治、生态属性，反之亦然。Ostrom 期望，这个框架可以成为迈向一个强大的、多学科交叉的、关于复合与多层次系统的学科的一步，这个学科将使得未来的专家在社会-生态系统的背景中来安排各种特定问题的治理。

Ostrom 同样强调了行动者的动机和行动的重要性。

Ostrom 的这套变量以状态变量为主。因此，在分析动态的机制时，可能需要引入较多的外生的描述。此外，由于把社会、经济、政治、生态设置都放在系统之外，因此在解释案例时，也需要引入这套变量以外的设置。

6.1.4 千禧年生态系统评价中的框架

由世界卫生组织发布的千禧年生态系统评价（简称"MA"）中提供的人与自然耦合系统框架是较常被引用的框架之一。[②]这个框架包括 4 个基本框：人类福祉和减贫、引起变化的间接驱动因素、引起变化的直接驱动因素、生态系统服务。其中，直接或间接的变化驱动因素决定了生态系统的服务，它反过来又决定了人类的福祉。人类福祉和减贫包括 5 项内容：保障好生活的基本物资、健康、良好的社会关系、安全、选择和行动的自由。引起变化的间接驱动因素包括：民主、经济（如全球化、贸易、市场、政策框架）、社会政治（social political）因素（如治理、制度和法律框架、科学与技术、文化与宗教）。引起变化的直接驱动因素包括：当地土地利用变化和地表覆盖（land cover），物种的引入或移除，技术适应与运用，外部输入（如化肥利用、虫害控制、减灾），气候变化，自然的、物理的、生物的驱动因素（如进化、火

---

① Hardin G. The tragedy of the commons[J]. Science，1968，162（3859）：1243-1248.

② 截至 2011 年 1 月 6 日 23：00，scholar. google. com 显示引用 931 次。

山）。生态系统服务包括：供应（如食物、水、木材和燃料）、管理与控制（如气候变化控制、水、疾病）、文化（如精神方面、美学、休闲和教育）、支持（如初级生产力、土壤形成）。①

Carpenter 等以"管理生态系统服务的科学：超越千禧年生态系统评价"为题，对 MA 的框架做了偏向生态系统的改进。②文章认为，今天，我们对社会-生态系统的认知不足。靠各个"孤军作战"的传统学科是无法解决这个问题的。必须依靠新的、多学科交叉的研究来理解社会-生态系统；社会-生态系统的研究需要由一个概念性的框架来引领，这个框架应该可以运用在不同规模的系统中，并能解释不同规模系统中的现象。在对社会-生态系统的观察中，关键的数据应当包括：制度变化和治理安排、人类利用生态系统服务的趋势、人类福祉构成要素的变化趋势。作者鼓励不同地点和时间的案例研究。

Stevenson 在研究环境管理问题时，尝试着细化了 MA 中的框架。修订后的框架包括人的福祉、环境政策、人的行为、压力（污染物和动物处所变化）、生态服务。③文章还讨论了阈值在系统管理中的重要作用，并援引包括太湖水华等案例加以说明。

Parkes 等借鉴了 MA 的成果，认为要想做好集成的流域管理，必须在充分交流的基础上，充分考虑各利益相关方的观点，明确他们的健康和福祉需求，并将这些需求吸收到管理思路中。④

6.1.5　面向行动者的 IAC 框架⑤

Feola 等认为，在社会-生态系统中，社会和环境领域的集成是必须的；人的行为是系统中社会子系统和生态子系统之间的桥梁。文章把 Giddens 的偏于宏观的结构理论和 Triandis 偏于微观的人际交往行为理论相结合，提出了一个以行动者为中心的集成框架（integrated agent-centered framework，IAC framework）。

---

① Millennium Ecosystem Assessment（MA）. Ecosystems and human well being：a framework for assessment [EB/OL]. http：//www. millenniumassessment. org/en/Framework. aspx.[2003]. [2010-12-09].

② Carpenter S R，Mooney H A，Agard J，et al. Science for managing ecosystem services：beyond the millennium ecosystem assessment[J]. Proceeding of the National Academy of Science of the United States of America,2009,106（5）：1305-1312.

③ Stevenson R J. A revised framework for coupled human and natural systems，propagating thresholds，and managing environmental problems[J]. Physics and Chemistry of the Earth（Part A），2011，36（9-11）：342-351.

④ Parkes M W，Morrison K E，Bunch M J，et al. Towards integrated governance for water，health and social-ecological systems：The watershed governance prism[J]. Environmental Change，2010，20：693-704.

⑤ Feola G，Binder C R. Towards an improved understanding of farmers' behaviour：the integrative agent-centred （IAC）framework[J]. Ecological Economics，2010，69：2323-2333.

Giddens 认为，社会结构影响个人的行动，而个人的行动反过来又影响社会结构的再生。[①]这样就产生了循环的因果关系（circular causality）。结构理论是以行动者为中心的。社会行动只存在于人的行动中，而人的行动存在于行动者具有反思性的自我规制（reflexive self-regulation）中。如果行动导致意料中的结果，那么，下次遇到类似情况时依然如此行动；如果行动导致意料之外的结果，那么，下次则可能会改变行动——这有可能导致创造。

Triandis 的人际交往行为理论旨在解释个体的人际交往行为。[②]在这个理论中，行动者的意图、习惯、生理唤醒程度及与行为相关的环境因素都影响了行动者的行为。意图受到行动者的认知能力、对制度的认知、先前处理类似事务的经验的影响。人际交往行为理论面向个体，较少考虑宏观社会行动和微观个体行为之间的联系和反馈。

吉登斯的结构理论和 Triandis 的人际交往行为理论在基本原则上是一致的：都是以行动者为中心的，行动者都是有限理性，并且具有反思能力的。因此，两者是互相兼容的。并且，吉登斯的结构理论对社会再生产的重现正好可以弥补 Triandis 理论的不足，而后者理论的可操作性优于前者。因此，将两种理论结合起来是有意义的。

IAC 框架对应的指标体系中，各个组分的权重并不是定值。反馈可以是相对短期的，如期望、情感、生理状态；有些则是长期的，如主观文化、习惯等。

作者还以 IAC 框架为基础，设计问卷调查和访谈，研究了哥伦比亚小型农户使用杀虫剂的情况。研究发现，可持续的发展战略很可能需要依赖对以下问题的理解：第一，社会规范影响了行为，而决定社会规范的系统过程是怎样的呢？第二，在整个农业系统中，除了农民以外，不同层次的行动者之间的相互联系也是重要的。

6.1.6 联合国环境规划署的框架[③]

联合国环境规划署在《全球环境展望》中也提出了一个概念框架。框架中包括驱动力（D）、压力（P）、现状与趋势（S）、影响（I）、应对环境挑战的反应（R）五大框。D、R、I 框的一部分属于人类社会。P、S、I 框的一部分在环境中。

---

① Giddens A. The Constitution of Society[M]. Cambridge：Polity Press，1984.

② Triandis H C. Values，attitudes and interpersonal behavior. In：Nebraska symposium on motivation. Lincoln/London：University of Nebraska Press，1980.

③ 联合国环境规划署. 全球环境展望[M]. 北京：中国环境出版社，2008.

D 框中，物力、人力和社会资本决定了人类发展的各个方面，包括人口、经济过程（消费、生产、市场和管理）、科技创新、分配结构变化过程（代际和代内）、文化、社会政治和制度（包括生产和服务行业）过程。D 框通过 P 框作用于环境。

P 框中的压力来源于两部分。一部分来自人类对环境的干涉，包括土地利用、资源获取、外部输入（肥料、化学品、灌溉）、排放（污染物和废弃物）、有机体变化和移动，这一部分和 S 框之间存在双向的作用。另一部分来自自然过程，包括太阳辐射、火山爆发、地震，这一部分对 S 的作用是单向的。

S 框包括两部分。一部分是自然资本（大气、土地、水资源和生物多样性）。另一部分是环境影响与变化，具体包括气候变化和臭氧层变化，生物多样性变化，空气、水、矿物和土地污染、退化和/或消耗（包括沙化）。两部分互相作用。S 框作用于 I 框、P 框及自身的一部分。

I 框包括 3 个部分。第一部分是决定人类福祉的环境问题。具体包括：生态服务，如供应品服务（消费用）、文化服务（非消费用）、调节与支撑服务（非直接使用）；非生态系统自然资源，如碳氢化合物、矿物和可再生资源；压力，特别是疾病、有害物、辐射和危害。第二部分是决定人口福祉的人口、社会（制度上）和物质因素。第三部分是人类福祉的变化，广义上是指人为达到以下主要目的而拥有的选择和行动自由：安全、基本物质需求、良好的健康、良好的社会关系；人类福祉的变化和人类的发展或贫困、不平等或脆弱性相伴而生。I 框的后两个部分和 D 框相互作用。

R 框期望通过在 D、P、I 框内或它们之间改变人类的行动与发展模式，特别是科学、技术、政策、法律和制度（正式或非正式）适应和减缓环境变化（包括恢复）。

6.1.7　政府间气候变化专门委员会的框架[①]

政府间气候变化专门委员会（Intergovernmental Panel on Climate Change，IPCC）的报告认为：通过构建或提高社会系统的适应能力，可以提高社会-生态系统的恢复力，这对于人类来说是一项必要的任务；在这方面，自然科学家和社会科学家都可以有所贡献。Perry 和 Ommer 认为，要完成此项任务，需要回答以下问题：我们可以识别出相关的、有可能成功的方法来提升适应能力吗？这些方法是否对任何系统或社会都有效，还是依赖于当地的文化和区位（location）？全球性的环境挑战是否需要全球性的研究战略？全球性的研究战略

---

① Intergovernmental Panel on Climate Change（IPCC）. Emissions scenarios [EB/OL]. http://www.ipcc.ch/ipccreports/sres/emission/. [2000]. [2010-12-09].

是否可能？在所有的战略中，是否有更深层的、共同的、与文化和区位无关的要素？什么是"最好的"方法可以允许乃至激励自然科学家和社会科学家合作应对这项任务？[①]

IPCC 的报告以影响温室气体排放的主要驱动因素（人口、经济、技术、能源、土地利用、农业）为基础，按环境或经济导向及全球或地方导向，构建四大类的情景。在此基础上建立模型，进行情景分析。IPCC 的报告认为，为了理解社会、制度、技术的演化过程，必须解决以下问题：第一，对新的行为、制度、社会或文化模式进行研究；第二，对那些已经发现的（规律）进行试验；第三，使用各种方法选择"合适的"或"可取的"变化；第四，使用各种方法普及并固定已经选择的变化。

6.1.8 LTER 的框架[②]

Redman 等介绍了美国国家科学基金会对长期生态学研究（Long-Term Ecological Research，LTER）的计划。早在 1980 年，美国国家科学基金会就设立了第一个 LTER 研究项目。到 2004 年，这样的研究项目有 24 个，超过 1100 名科学家和学生参与其中。LTER 认为把社会科学和长期的生态研究相结合是一项紧迫且优先的任务，并明确地宣称，必须把通常被分开研究的人类和自然系统放在一起，作为一个单一的、复合的社会-生态系统来研究。Redman 等还提出了一个用于长期研究社会-生态系统的框架，该框架试图把社会科学中相关的核心研究领域、概念和问题与长期生态研究集成在一起。但是，该框架层次、分类似乎不够明晰。例如，土地利用及其变化、生产、消费是经济系统的主要内容，却同时出现在不同的方框中。

6.1.9 其他框架

Anderies 等建立了一个从制度的角度分析社会-生态系统鲁棒性（robustness，又译活力）的框架。[③]鲁棒性设计（robust design）是个来自工程设计的概念，指的是系统最大输出和鲁棒性之间的平衡。在同样条件下，有活力的系统通常比没有活力的系统效率要低。但是当遇到外部变化或内部压力时，有活力的系统不会像没有活力的系统那样快地降低效率。活力是个和恢复力（resilience）类似的概

① Perry R I，Ommer R E. Introduction：Coping with global change in marine social-ecological systems[J]. Marine Policy，2010，34：739-741.

② Redman C L，Grove J M，Kubyl L H. Integrating social science into the long-term ecological research（LTER）network：social dimensions of ecological change and ecological dimensions of social change[J]. Ecosystems，2004，7：161-171.

③ Anderies J M，Janssen M A，Ostrom E. A framework to analyze the robustness of social-ecological system from a institutional perspective[J]. Ecology and Society，2004，9（1）：18-34.

念。区别在于，鲁棒性是通过表现来定义的，而恢复力则是指在多大的变化或破坏性的力量作用下系统能保持不变。前者相对容易量化，后者则更难。把活力应用到社会-生态系统时，和工程设计不同，要面对更大的自组织和不确定性问题，系统表现的清单更难定义。文章试图构建一个包括资源、资源使用者、公共基础设施提供者、基础设施 4 个相互联系的实体单元，及其 4 个实体单元与外部联系的框架，来处理包括资源系统、治理系统、相关基础设施在内的耦合系统，以期为最终的模型和理论奠定基础。制定框架时重点考虑 3 个问题，强调了制度和变化的重要性：第一，在社会系统中必须包括合作和集体行动的可能性；第二，生态系统是变化的，各个主体参与的游戏规则也是变化的；第三，生态系统可以有多个稳定的状态，并能快速地在其间转换。Anderies 等认为，在过去的三十年里，关于第一个问题的研究已经比较充分。在什么条件下合作会持续或者演化已经成为田野研究者、博弈论研究者、实验经济学家的研究重点。但是除了动态的博弈论以外，一般的研究都基于"资源基础是静态的"的假设，并且通常假定必要的制度和相关的基础设施是存在的，未对制度及其变迁给予必要的关注。

Parkes 等提出了一个新的概念性的工具——流域治理棱镜——将社会、环境、健康要素包含在框架中。把生态系统、社会系统、健康与福祉作为棱镜底部的三角形的 3 个顶点。[①]把流域作为棱镜上方的顶点（注：原文使用的是"prism"这个词，但是从文章中的图来看应该是四面体，下面的叙述中将使用"四面体"代替"棱镜"）。将四面体的任意 3 个顶点作为一面，共有 4 个不同的面，这 4 个面分别代表了一个视角，每个视角中考虑 3 个顶点对应的要素。作者期望这个工具能在精确区分多重的、相互作用的政策的优先度中发挥作用，将不同的研究集成在水、健康和社会-生态系统的治理中。Parkes 等认为这个框架可以运用到 4 个方面：第一，可以使用上述 4 个视角为各种项目、研究分类。第二，项目设计与规划。第三，为诊断问题及提出解决方案提供思路。在许多项目中不可能把上述 4 个视角都细致地考虑进去，当项目遇到困难的时候，可以回过头从 4 个视角查找原因并提供解决方案。第四，对其他的集成方法（案）提供启发。

6.1.10　已有的框架的特点

学界在提出各种研究框架的同时，也认为已有框架无法满足多学科综合性研究的需要。Stevenson 认为，我们仍然需要从各个学科的基础理论和概念中汲取养分，以形成一个跨学科的理论框架。[②]这意味着作者认为目前已有的各种框架还无

① Parkes M W，Morrison K E，Bunch M J，et al. Towards integrated governance for water，health and social-ecological systems：The watershed governance prism[J]. Environmental Change，2010，20：693-704.

② Stevenson R J. A revised framework for coupled human and natural systems，propagating thresholds，and managing environmental problems[J]. Physics and Chemistry of the Earth（Part A），2011，36（9-11）：342-351.

法满足多学科交叉研究的需要。Chapin III 等 16 位通信作者联合发表的文章指出，目前尚无有综合力的理论引领人们走上更符合期望的变化的轨道；在这个快速变化的星球上，可以说建立一个跨学科的理论框架是一项生死攸关的研究。①Liu 等认为，在现有的研究耦合系统方法以外，建立一个更加综合性的框架，并构建国际性的交叉学科研究网络是十分紧要的。②美国国家科学基金会的报告宣称，尽管有些社会科学领域被认为有很好的理论基础可以将自然系统和人类系统耦合在一起研究，并增进对两个系统的理解，但是期望的研究成果并没有出现。③不过，促进这种研究成果出现的动力正在增长。Carpenter 等认为，必须发展更合适的、集成的研究方法，这类研究必须借助传统学科的力量，将这些学科有效地联系起来，并创造新的知识领域以满足建立恢复力好的社会-生态系统的需要。④

究其原因，我们认为至少有以下几点。

第一，现有的框架大多注意到关键组元、组元之间相互作用、相互作用的性质（这些性质引起系统的复合性行为）的重要性。但不少框架通常与某个特定的学科密切相关，侧重复合系统的不同维度⑤，影响了其普适性。

第二，许多案例研究发现，对于行动者来说，降低错误的动机或激励通常应该是优先的。⑥因此，一个好的框架应该考虑到人的行动之后的动机或激励结构。在已有的框架中，一些框架未对人的动机或行动给予足够的重视；有的框架在涉及之初考虑了这一点，但是设计出来的框架中却没有明晰地体现出这一设计思路。⑦有的框架中隐含了对人的动机的考虑，但缺乏系统性和明确的理论支撑。例如，千禧年生态系统评价中的框架有一个框是人类福祉和减贫，⑧包括 5 个方面：保障好生活的基本物资、健康、良好的社会关系、安全、选择和行动

---

① Chapin III F S，Carpenter S R，Kofinas G P，et al. Ecosystem stewardship：sustainability strategies for a rapidly changing planet[J]. Trends in Ecology and Evolution，2009，25（4）：241-249.

② Liu J G，Dietz T，Carpenter S R，et al. Complexity of coupled human and natural systems[J]. Science，2007，317：1513-1516.

③ National Science Foundation. Long-term ecological research twenty-year review[EB/OL]. http：//intranet. lteret. edu/ar-chives/documents/reports/20_yr_review.[2002]. [2010-12-09].

④ Carpenter S R，Mooney H A，Agard J，et al. Science for managing ecosystem services：beyond the millennium ecosystem assessment[J]. Proceeding of the National Academy of Science of the United States of America，2009，106（5）：1305-1312.

⑤ Stevenson R J. A revised framework for coupled human and natural systems，propagating thresholds，and managing environmental problems[J]. Physics and Chemistry of the Earth（Part A），2011，36（9-11）：342-351.

⑥ Adger W N，Hughes T P，Folke C，et al. Social-ecological resilience to coastal disasters[J]. Science，2005，309：1036-1039.

⑦ Ostrom E. A diagnostic approach for going beyond panaceas[J]. Proceeding of the National Academy of Science of the United States of America，2007，104（39）：15181-15187.

⑧ Millennium Ecosystem Assessment（MA）. Ecosystems and human well being：a framework for assessment [EB/OL]. http：//www. millenniumassessment. org/en/Framework. aspx.[2003]. [2010-12-09].

的自由。用马斯洛的动机理论来分析这些福祉背后的动机，可以发现，保障好生活的基本物资、健康基本上可以归属到生理需要；安全可以归属到安全需要；良好的社会关系基本上可以归属到归属和爱的需要；选择和行动的自由基本上可以归属到自我实现需要。但是，和马斯洛的动机理论相比较，这些福祉缺失了尊重需要、自我实现需要的多个方面，以及生理需要的一些方面；此外，马斯洛的动机结构具有层次性，但在千禧年生态系统评价的框架中，这些福祉虽然是情景依赖的，但没有明晰的层次，从而降低了应用此框架说明演化的可能性。《全球环境展望》的情况是类似的，它的框架中有6个子框，其中一个子框也包括了以上这些福祉。[①]

第三，这些框架对人与自然关系的看法未能上升到哲学层面。运用这些框架也无法解释东西方文明的差异和特点。

三种生产四种关系的框架比较好地解决了第二个和第三个问题。当然，我们也同时看到，在面对第一个问题时，三种生产四种关系的框架比较宏观，尚需要细化。

6.2　国际上环境社会系统其他主要研究进展[②]

6.2.1　共同演化

共同演化的英文是"co-evolution"。其中，"evolution"常常被译成"进化"，但是考虑到该过程的方向性是不明晰的，因此，译成"演化"则更为中性。

共同演化的狭义定义是指相互紧密联系的两个物种之间相互的、同时的，且仅限于两物种之间的演化；更宽泛的定义是指物种适应其生物和物理环境的各种特点时产生的演化。[③]共同演化的重要意义在于它将演化生物学和生态学联系起来了。如今，演化的思想已经成为生态学研究的两大重要方法之一。[④]

尽管学术界普遍存在着对社会达尔文主义的警惕和批判，共同演化的概念仍然从生态学扩展至不同种族基因、文化变化领域。[⑤][⑥][⑦]同时，越来越多的学者

---

① 联合国环境规划署. 全球环境展望[M]. 北京：中国环境出版社，2008.

② 夏成，甘晖（通讯作者）. 国外环境社会系统研究进展[J]. 中国人口·资源与环境，2013，23（7）：22-26.

③ Gual M A，Norgaard R B. Bridging ecological and social systems coevolution：A review and proposal[J]. Ecological Economics，2010，69：707-717.

④ Odum E P，Barrett G W. Fundamentals of Ecology（5th edition）[M]. Belmont：Saunders，2002.

⑤ Rammel C，Stagl S，Wilfing H. Managing complex adaptive systems：A co-evolutionary perspective on natural resource management[J]. Ecological Economics，2007，63：9-21.

⑥ Lalland K N，Odling-Smee J，Feldman M W. Niche constructing，biological evolution and cultural change[J]. Behavioral and Brain Sciences，2000，23：131-146.

⑦ Holling C S. Understanding the complexity of economic，ecological，and social systems author[J]. Ecosystems，2001，4（5）：390-405.

倾向于认为，社会、文化演化过程和自然进化过程有重要的、根本性的差异，有其自身机制。[1]不过，关于达尔文式的进化观能否扩展到社会、经济领域这个问题，如果能的话，适合扩展到哪些具体的领域，其使用界限何在等，是目前争论的焦点之一。

复合系统随时间演化。[2]早在马克思的著作中，就出现了现在被称为基因-文化共同演化的思想用以分析劳动对人的进化的影响。[3]当代，Norgaard[4][5][6]和 Gual 等[7]提出并初步发展了环境系统和社会系统互相影响、共同演化的思想：环境系统影响了社会系统的知识、价值、社会组织及技术。同时，社会系统也对环境系统产生影响，并体现了环境系统的特点。

所谓文化演化，是指社会-生态系统中，各种子系统的变动给文化带来的任何变化。

人们迫切地想知道文化与自然共同演化的特点，以及如何将文化演化与技术、社会组织联系起来。文化演化研究者的任务之一是理解人类的文化是如何影响生物演化的过程和规律的，以知晓人类的生物性未来。[8][9]一些学者已经开始了这方面的研究，但是总的来说，对这个领域，人类知之甚少。迄今为止，还未发展起相应的成熟理论和实证分析方法。相对于广袤的未知世界，人们的努力还是微乎其微的。

文化演化过程同时在微观演化和宏观演化方面影响了生物演化的过程，其影响方式主要有：①通过大规模的生物物理影响；②通过有意识地设计文化产品和过程作为选择力量；③故意"操控"基因信息。这些生物演化又会在不同的层面、以不同的强度反过来影响文化演化。具体来说，可能包括：人类活动

---

① Gual M A，Norgaard R B. Bridging ecological and social systems coevolution：A review and proposal[J]. Ecological Economics，2010，69：707-717.

② Walsh S J，McGinnis D. Biocomplexity in coupled human-natural systems：The study of population and environment interactions（Editorial）[J]. Geoforum，2008，39（2）：773-775.

③ 马克思. 马克思恩格斯全集（第20卷）[M]. 北京：人民出版社，1971：510-511.

④ Norgaard R B. Sociosystem and ecosystem coevolution in the Amazon[J]. Journal of Environmental Economics and Management，1981，8（3）：238-254.

⑤ Norgaard R B. Coevolutionary development potential[J]. Land Economics，1984，60（2）：160-173.

⑥ Norgaard R B. Coevolutionary agricultural development[J]. Economic Development and Cultural Change，1984，32（3）：525-547.

⑦ Gual M A，Norgaard R B. Bridging ecological and social systems coevolution：A review and proposal[J]. Ecological Economics，2010，69：707-717.

⑧ 同上.

⑨ Rammel C，McIntosh B S，Jeffrey P. Where to now? A critical synthesis of contemporary contributions to the application of（co）evolutionary theory and discussion of research needs[J]. International Journal of Sustainable Development and World Ecology，2007，14：109-118.

引发的大规模的气候变化，对人的生物演化的影响（例如，某些人的基因不受AIDS 病毒影响可能会导致 AIDS 病毒对人类的选择），发展在对共同演化过程有一定理解基础上的制度。①

社会-生态系统具有复合性、演化、等级（hierarchy）特征。但是 Holling 认为，"hierarchy"这个词通常强调自上而下的特征。为了描述环境社会系统的时空中广泛存在的适应性循环（adaptive cycle）的演化和网状特征，Holling 把"pan"和"hierarchy"合成为"panarchy"，前者来自希腊神话，是主管山林和畜牧的半人半羊的神，暗示了系统演化过程中可能存在不可预期的变化；Holling 还通过适应性循环描述了系统的发展、病态和毁灭等阶段主体的状态特征。不过，迄今为止，这些模型尚处于概念模型阶段。②

在人类系统中，共同演化的轨迹包括技术创新、行为偏好变化、制度变迁等。如何优化共同演化动力学框架与模型研究，改进利益相关者参与管理的过程，提高政策制订、执行、反馈等环节的透明度，是未来自然资源管理研究的重要方向。③④

IPCC 认为，为了理解社会、制度、技术的演化过程，必须解决以下问题。第一，对新的行为、制度、社会或文化模式的研究；第二，对那些已经发现的（规律）进行试验；第三，使用各种方法选择"合适的"或"可取的"变化；第四，使用各种方法普及并固定已经选择的变化。⑤

Kemp 等发展了技术可持续发展共同演化的框架，并被荷兰环境政策制定者采纳，旨在使私人和公共行动者转向可持续的目标。⑥

Kallis 等认为，农业发展共同演化（coevolutionary agricultural development）的视角要求把经济思维和生态思维相结合；⑦农业发展共同演化强调社会系统和生

① Gual M A, Norgaard R B. Bridging ecological and social systems coevolution: A review and proposal[J]. Ecological economics, 2010, 69: 707-717.

② Holling C S. Understanding the complexity of economic, ecological, and social systems author[J]. Ecosystems, 2001, 4 (5): 390-405.

③ Rammel C, Stagl S, Wilfing H. Managing complex adaptive systems: A co-evolutionary perspective on natural resource management[J]. Ecological Economics, 2007, 63: 9-21.

④ Rammel C, McIntosh B S, Jeffrey P. Where to now? A critical synthesis of contemporary contributions to the application of (co) evolutionary theory and discussion of research needs[J]. International Journal of Sustainable Development and World Ecology, 2007, 14: 109-118.

⑤ Intergovernmental Panel on Climate Change(IPCC). Emissions scenarios [EB/OL]. http://www.ipcc.ch/ipccreports/sres/emission/. [2000]. [2010-12-09].

⑥ Kemp R, Rotmans J. The management of the co-evolution of technical, environmental and social systems[C]. Paper for International Conference "Towards Environmental Innovation Systems", 27-29, 2001, Garmisach-Partenkirchen.

⑦ Kallis G, Norgaard R B. Coevolutionary ecological economics[J]. Ecological Economics, 2010, 69: 690-699.

态系统的共同演化而非动态平衡；共同演化的观点意味着必须重塑有关资源稀缺论争的框架，其中，必须考虑新的社会-生态系统交互作用的复合性提高带来的成本、被迫放弃的共同演化其他可选方案的机会成本、在现阶段共同演化中熵值增加导致的成本。虽然说共同演化的视角尚处于发展的前期，方法和理论都不够成熟，但是由于它把经济和生态范式相结合，这样便有利于经济学家和生态学家的交流，并改善发展规划的过程，因此在规划中有利于社会和环境要素的集成，从而促进集成系统多重目标的实现。

对农民使用杀虫剂的调查发现，使用杀虫剂时的不良健康体验使得农民倾向于更关注杀虫剂，在使用杀虫剂时也更加小心。[1][2]事实上这是一个包含反馈的演化过程，意味着行为的驱动因素可能随时间演化。

6.2.2 多样性研究

关于生物多样性的讨论比较多。研究者普遍认为，现在基因和物种多样性正快速下降。[3][4]Pereira 等讨论了 21 世纪全球的生物多样性变化的可能情景，认为评估全球性环境变化对生物多样性影响的模型可以分为两大类，一类是基于现象学的，另一类是基于过程的。[5]基于现象学的模型依赖于环境变量与度量多样性的指标之间的经验关系，如利用物种数-面积模型，使用面积和物种数之间的经验关系，估计生境丧失后灭绝物种的数量；基于过程的模型模拟人口增长之类的过程或生态生理反应之类的机制。

地面的景观多样性也日益下降，景观日趋同质。[6][7]

除生物、景观多样性之外，文化（制度）多样性也占有重要地位。多样性不

---

① Lichtenberg E，Zimmerman R. Adverse health experiences，environmental attitudes，and pesticide usage behavior of farm pperators[J]. Risk Analysis，1999，19（2）：283-294.

② Feola G，Binder C R. Towards an improved understanding of farmers' behaviour：The integrative agent-centred（IAC）framework[J]. Ecological Economics，2010，69：2323-2333.

③ Carpenter S R，Mooney H A，Agard J，et al. Science for managing ecosystem services：beyond the millennium ecosystem assessment[J]. Proceeding of the National Academy of Science of the United States of America，2009，106（5）：1305-1312.

④ Millennium ecosystem assessment（MA）. Ecosystems and human well being：A framework for assessment [EB/OL]. http：//www.millenniumassessment.org/en/Framework.aspx.[2003]. [2010-12-09].

⑤ Pereira H M，Leadley P W，Proença V，et al. Scenarios for global biodiversity in the 21st century[J]. Science，2010，330：1496-1501.

⑥ Carpenter S R，Mooney H A，Agard J，et al. Science for managing ecosystem services：beyond the millennium ecosystem assessment[J]. Proceeding of the National Academy of Science of the United States of America，2009，106（5）：1305-1312.

⑦ Millennium ecosystem assessment（MA）. Ecosystems and human well being：A framework for assessment [EB/OL]. http：//www.millenniumassessment.org/en/Framework.aspx.[2003]. [2010-12-09].

仅是自然资源系统管理中可持续性和恢复力的重要属性，而且是社会、经济可持续发展的重要且十分特别的特征。[1]

在过去的几个世纪中，整个人类世界的文化多样性发生了锐减。文化多样性提供了多种知识体系和视角以满足多种社会目标，为人类的活动提供了多种原材料。由于各地的自然、社会条件具有差异，因此不存在适合任何情况的单一制度安排。[2][3]这意味着在提供环境资源问题的解决方案时，是不可忽视文化多样性的。文化多样性在短期内也可能降低公众生活的参与程度（如投票、志愿行为、邻里信任等）。[4]

社会系统的记忆来自个体和制度的多样性，不存在多样性的话就没有记忆的必要。而制度的多样性源于实践、知识和价值。这些对形成应对变化的系统、构建恢复力、应对意外都是至关重要的。[5][6]

6.2.3 模型研究

Grant 等以 Luhmann 的社会理论为基础，把环境社会系统中的社会系统分为经济、政治、宗教、法律、科学、教育 6 个子系统，每个子系统包括 7 个状态变量，每个状态变量又通过物质传输和其他变量联系。人类系统中的经济、政治、法律 3 个子系统又和环境系统相联系。通过耦合系统的模拟运行认为，在环境系统和法律子系统没有联系的情况下会发生公地悲剧，否则则可能避免。该模型做了大量简化，如政治系统一年只和外部发生一次交流；而环境系统中的资源管理者则是由 6 对大农场主组成的，每对农场主共享一份资源。此外，Luhmann 的社会学理论主要使用二分法界定描述社会的变量，如在科学子系统中，每一个宣称要么对要么错，这和真实世界的状况有所不同，从而在一定程度上降低了模型的可靠性。[7]

---

① Manson S M. Does scale exist? An epistemological scale continuum for complex human-environment systems[J]. Geoforum，2008，39：776-788.

② Chapin III F S，Carpenter S R，Kofinas G P，et al. Ecosystem stewardship: sustainability strategies for a rapidly changing planet[J]. Trends in Ecology and Evolution，2009，25（4）：241-249.

③ Ostrom E. A diagnostic approach for going beyond panaceas[J]. Proceeding of the National Academy of Science of the United States of America，2007，104（39）：15181-15187.

④ Putnam R D. E Pluribus Unum: diversity and community in the twenty-first century—the 2006 Johan Skytte Prize Lecture[J]. Scandinavian Political Studies，2007，30：137-174.

⑤ Adger W N，Hughes T P，Folke C，et al. Social-ecological resilience to coastal disasters[J]. Science，2005，309：1036-1039.

⑥ Folke C，Hahn T，Olsson P，et al. Adaptive governance of social-ecological systems[J]. Annual Review of Environment and Resources，2005，30：441-473.

⑦ Grant W E，Peterson T R，Peterson M J. Quantitative modeling of coupled natural/human systems: simulation of societal constraints on environmental action drawing on Luhmann's social theory[J]. Ecological Modelling，2002，158：143-165.

Monticino 等使用多主体模型（multi-agent models）分析了环境社会系统中人类活动对林地利用变化的影响。[①]模拟结果显示，在土地产权私有的地区，土地利用变化的首要驱动因素是土地价格，以及土地所有者对土地价格变化的敏感程度，这影响了所有者是否出售土地。

Cifdaloz 等以尼泊尔的一个灌溉系统为例，在鲁棒性-脆弱性均衡框架下，构建了一个简单的稻田灌溉模型，并分析了在外部环境变化时，特定的制度安排为什么可能使体系变得脆弱。[②]

在 IPCC 的排放情景分析中，由于社会、经济、文化因素的重要性，为了进行定量的情景分析，不得不对其进行定量描述。不过，IPCC 同时认为，评估社会、文化和制度变化在经济和技术发展中的作用显然是困难的，在当前的知识条件下，人类无力以刚性的、定量的方式来处理社会、文化和制度因素，但是在情景分析中例外。也许未来也是如此。[③]

类似的是，在大多数情况下，千禧年生态系统评价通过陈述对不确定性的科学共识的程度来应对之；只有在少数情况下才使用严格的定量方法来估计不确定性。[④]

模型研究面临的主要挑战在于其解释能力较差、缺乏数据积累，以及在什么样的框架下进行问题识别和构建框架。Carpenter 等认为，社会-生态系统中集成的、定量的模型并不和已有的概念和定性模型相称。[⑤]已有的生态系统服务模型都是用来处理特定的单一部门或特定的综合部门，如农业、海洋养殖、供水、土地利用变化、生物多样性等。而且，学术界对社会子系统和社会子系统阈值的交互作用的研究很少。涉及演化的数学模型的局限性比较大，研究者从模型的结果直接推得的结论往往少于在讨论中给出的。[⑥]因此，在进行环境社会系统中的问题识别时，在宽泛的范围里考虑各种可能性是有积极意义的，这样可以尽量避免遗漏重要的可能性。

---

① Monticino M，Acevedo M，Callicott B，et al. Coupled human and natural systems：A multi-agent-based approach[J]. Environmental Modelling & Software，2007，22：656-663.

② Cifdaloz O，Regmi A，Anderies J M，et al. Robustness，vulnerability，and adaptive capacity in small-scale social-ecological systems：the pumpa irrigation system in Nepal[J]. Ecology and Society，2010，15（3）：39.

③ Intergovernmental Panel on Climate Change(IPCC). Emissions Scenarios [EB/OL]. http://www.ipcc.ch/ipccreports/sres/emission/. [2000]. [2010-12-09].

④ Millennium Ecosystem Assessment（MA）. Ecosystems and Human Well being：A Framework for Assessment[EB/OL]. http://www.millenniumassessment.org/en/Framework.aspx.[2003]. [2010-12-09].

⑤ Carpenter S R，Mooney H A，Agard J，et al. Science for managing ecosystem services：beyond the millennium ecosystem assessment[J]. Proceeding of the National Academy of Science of the United States of America，2009，106（5）：1305-1312.

⑥ Gual M A，Norgaard R B. Bridging ecological and social systems coevolution：a review and proposal[J]. Ecological Economics，2010，69：707-717.

6.2.4　案例研究

Adger 等以应对和适应飓风的案例，特别是 2004 年亚洲海啸的案例，通过分析发现人的主体性影响了社会-生态系统的许多元素和行动。具体表现为以下几点。第一，受灾程度通常和政府干预或非正式制度（informal norms）对海岸生态系统的利用规制有关。在许多案例中，为改善环境管理，必须优先采取措施，以降低损害自然资本并导致生态系统脆弱的错误的动机或激励。第二，提高应对灾难恢复力的网络和制度也可以用来缓冲未来的灾害，如与气候变化相关的灾害。第三，有效的、多层次政府治理系统在构建适应能力方面是十分重要的。第四，人们可以通过有目的的行动提高适应能力。第五，由于人类可能对有益于恢复力的要素认识不足，从而导致这些要素被破坏而未采取保护措施。第六，在社会-生态系统中可能有多种机制来应对变化和危机，如生物多样性、功能冗余、空间模式都可以影响生态系统的恢复力。第七，灾难性的变化之后，先前的系统的残余部分（remnant，又称 memory）成为新的社会-生态系统更新和再组织的基础。[①]

在全球化背景下，发达国家的食品生产和消费产生了全球性的社会和环境影响，因而受到越来越多的研究者和环境保护者的关注。Eden 等从社会-环境系统的视角开展了关于消费者如何选择食物的微观研究，研究涉及食品生产和销售过程的质量控制、可靠性、本地化、可持续性、公平贸易、动物福利等方面。[②]

农业杀虫剂导致的水污染是公众持续关心的问题之一。Lichtenberg 等认为，假设在农场里使用杀虫剂主要是志愿行为，那么理解农民行为的驱动因素就显得十分重要。[③]该文使用美国农业部的数据库，调查了马里兰州、纽约州、宾夕法尼亚州的 2700 名玉米和大豆种植者。调查以邮件的方式进行，辅以电话追踪。问卷回收率为 60%。调查验证了具有农药带来的不良健康体验的人倾向于采取防护措施的假设，并发现这类农民也倾向于更少地使用杀虫剂。具有农药带来的不良健康体验的农民包括三类：自己有过、家人有过、知道其他人有过。这也意味着农药相关的健康体验会在亲友中传递。

许多生态系统的服务功能正在下降。为了维持和提高生态系统的服务功能，地方性的生态知识和实践是必须的。Stephan 等主要关注与维持生态系统服务功能

---

① Adger W N, Hughes T P, Folke C, et al. Social-ecological resilience to coastal disasters[J]. Science, 2005, 309: 1036-1039.

② Eden S, Bear C, Walker G. Mucky carrots and other proxies: problematising the knowledge-fix for sustainable and ethical consumption[J]. Geoforum, 2008, 39: 1044-1057.

③ Lichtenberg E, Zimmerman R. Adverse health experiences, environmental attitudes, and pesticide usage behavior of farm operators[J]. Risk Analysis, 1999, 19 (2): 283-294.

的管理实践相关的社会或集体记忆，并调查了生态实践、知识和经验是在何地及如何被保留和传播的。所谓集体记忆，又称社会记忆或文化记忆，是指以个人记忆为基础，但又在个人层次之上、承载着过去的经验、对社会或团体的行为产生影响的记忆。集体记忆包括各种固化的媒体资料及口口相传的信息。由于该文讨论的是与生态系统管理有关的社会记忆，因此，又称为社会-生态记忆。社会-生态记忆是社会-生态系统的一个十分重要的子集，它是应对变化、提供恢复力的重要源泉之一。文章以瑞典的市民园地（allotment garden）为研究对象，开展了长达 4 年的研究。市民园地是指一块公有或私有的园地，将其分成许多小块，租借给附近的居民；居民们可以在上面从事种植瓜果蔬菜或从事园艺；市民园地可以改善城市的环境。研究认为，在市民园地的管理中，生态实践和知识是通过模仿、口口相传、集体仪式、习惯、人造物（文字材料、图画、场所、工具等）、隐喻、制度等保留和传播的。此外，社会环境通过媒体、市场、社会网络、合作组织、法律结构等也为生态实践和知识的保留与传播提供支持。[①]

Yang 等对中国西北部 7 个县城的反沙漠化案例进行分析，认为破解环境社会系统中集体行动困境的方法除了利维坦模式、私有化模式和自治模式以外，在一定条件下，学者的参与也有利于解决集体行动的困境，这是由于相对于其他主体，学者在知识和信息方面具有比较优势。[②]

Olsson 等以瑞典南部的湿地景观治理为案例，分析了一个自组织的适应性共管（co-management）系统的出现。[③]自组织的过程是在当地各种管护组织和当地政府察觉到地区性的文化和生态价值受到威胁之后引发的。这些威胁对该地区生态系统服务的发展构成挑战。在大约十年的时间里，原先未在管理中考虑到的行动主体被添加到生态系统管理中。文章通过生态系统管理转型背后的社会机制分析，显示了一个个体——一位关键的领导者——是如何在引领变化和改变管治中发挥其作用的。这个转变包括 3 个阶段：第一步是让系统为变化做好准备；第二步是抓住机会窗口（window of opportunity）；第三步是建立新的符合期望状态的社会——生态恢复力。

Rescia 等收集了过去 45 年中西班牙北部山地农村 Picos de Europa 地区的基础资料，对当地民众开展了问卷调查和开放性的访谈，分析了过去该地区的景观空间结构、人口结构、社会经济结构等的变化情况和趋势，总结了当地民众对景观

① Stephan B，Carl F，Johan C. Social-ecological memory in urban gardens-retaining the capacity for management of ecosystem services[J]. Global Environmental Change，2010，20：255-265.

② Yang L H，Wu J G. Scholar-participated governance as an alternative solution to the problem of collective action in social-ecological systems[J]. Ecological Economics，2009，68：2412-2425.

③ Olsson P，Folke C，Hahn T. Social-ecological transformation for ecosystem management：the development of adaptive co-management of a wetland landscape in southern sweden[J]. Ecology and Society，2004，9（4）：2.

及其变化的看法。[①]在此基础上，描述了该地区的现状，预测了社会-生态系统可能的演化趋势，进而提出如何在环境管理中集成历史、文化、技术和环境要素。该文通过观察土地利用结构的变化，包括对农村土地的废弃等，发现了导致社会-生态系统趋于紧张的一些要素。在特定的适应性管理模式和公众的积极参与下，对土地的重新利用是让社会生态系统可持续的切实可行的重要办法。研究认为，在保护景观和实现其他目标时，经济激励是解决方案的一部分；同时，为了使激励得以成功，也必须考虑到许多社会因素。此外，在设计、执行保护和发展策略时让目标人群参与是十分重要的。

6.2.5　其他研究

环境社会系统的研究涉及面广，文献多，再选择几例说明。

Janssen 等做了更接近于真实世界的实验，研究结果认为，除非配合以交流，否则对过量使用公共资源者的惩罚是无益的。[②]在实验中，若干人员形成一个小组，每个小组的成员数是相同的。实验分为前后两段，在前一段时间里，组员们可以交流或惩罚（依小组而定），在后一段时间里，组员们既不能交流也不能惩罚。实施惩罚时，每惩罚一次，惩罚者花费一美元，而被惩罚者则失去两美元。开始可以惩罚、交流的小组，在既不能交流也不能惩罚后表现急剧下降，Janssen 等认为或许是惩罚影响了信任，将进一步实验以明确此观点。在前三轮中只能交流而不能惩罚的人们，通过交流习得规则，他们在后三轮中不能交流也不能惩罚，但仍然按照前三轮中形成的方式行事，结果导致最大的收获。在过去的十年里，业已发现需要付出代价的惩罚会让小组的毛收入上升，但在 Janssen 等的实验中却发现需要付出代价的惩罚对小组的毛收入没有影响。这与真实世界所观察到的有出入。因此，还需要开展进一步的研究，包括实验，用来理解在该文章的实验中是什么让交流如此有效。

Liu 等的集成研究揭示了人与自然耦合系统的新的、复合的模式与过程，这些在社会或自然科学家分开研究时是不容易发现的。[③]对来自世界不同地方的 6个案例研究显示了人与自然系统的耦合随着空间、时间和组织单元而变。这些案例也显示了具有阈值的非线性动力学（nonlinear dynamics with thresholds），互相影响的反馈回路（reciprocal feedback loops），时滞（time lag）、恢复力、异质

---

① Rescia A J，Pons A，Lomba I，et al. Reformulating the social-ecological system in a cultural rural mountain landscape in the Picos de Europa region（northern Spain）[J]. Landscape and Urban Planning，2008，88：23-33.

② Janssen M A，Holahan R，Lee A，et al. Lab experiments for the study of social-ecological systems[J]. Science，2010，328：613-617.

③ Liu J G，Dietz T，Carpenter S R，et al. Complexity of coupled human and natural systems[J]. Science，2007，317：1513-1516.

性（heterogeneity）、意外（surprise）。此外，耦合系统还具有遗留效应（legacy effects）。研究表明，人与自然系统的动力学受到许多因素影响，包括政府政策和当地情势，在后者中本地过程（local process）又受到更大尺度乃至全球尺度的过程的影响。

6.2.6 小结

从长远来看，环境社会系统的研究进展关系到人类社会在地球上的生存和发展，具有十分重要的意义。这类研究需要多学科的参与和集成。同时，这类研究大多还处于发展期，不是很成熟，不过仍然得到国际学术圈中有远见者的支持、参与和引领。例如，本书引用的论文中有相当一部分是发表在 Science 和 PNAS 等著名刊物上的。

第七章　古代中国案例：基于四种关系的中国古代文明分析以及在此基础上的李约瑟问题的整体性解释框架和对超稳定结构的补充

导读：对本章感兴趣又缺乏时间通读前面章节的读者，在读完第一章或第四章后即可直接阅读本章。

李约瑟（Joseph Needham，1900—1995）是中国科学技术史专家，他的巨著《中国科学技术史》对中西文化交流产生了深远的影响。他在研究中国古代科技史时提出一个疑问：

> "大约在1938年，我开始酝酿写一部系统的、客观的、权威性的专著，以论述中国文化区的科学史、科学思想史、技术史及医学史。当时我注意到的重要问题是：为什么现代科学只在欧洲文明中发展，而未在中国（印度）文明中成长，不过，正如人们在阳光明媚的法国所说的：'注意！一列火车也许会遮挡另一列火车！'随着时光的流逝，随着我终于开始对中国的科学和社会有所了解，我逐渐认识到至少还有另外一个问题同样是重要的，即：为什么在公元前1世纪到公元15世纪期间，中国文明在获取自然知识并将其应用于人的实际需要方面比西方文明有成效得多？"①

由此可见，李约瑟惊诧于：尽管中国古代对人类科技发展作出了很多重要贡献，但为什么中国没有产生出现代意义上的科学？通常把这个问题称为李约瑟问题。

李约瑟对这个问题提出了自己的观点，同时也存在一定的疑虑：

> "我现在相信，诸如此类的问题的答案首先在于不同的文明的社会的、思想的、经济的结构……我们可以这样说，如果官僚制度能够说明现代科学何以未在中国文化中自然发生，那么尤大规模蓄奴制度可说是促成早期中国文化在纯粹和应用科学方面取得较大成功的重要因素……由于无为不

---

① 李约瑟. 东西方的科学与社会[J]. 徐汝庄译. 冯契校. 自然杂志, 1990，（12）：818-827.

能允许重商心理在文明中占据主导地位,并由于它不可能将高级工匠的技术与学者提出的数理逻辑推理方法融为一体,因此中国没有,也许也不可能将现代自然科学从达·芬奇阶段推进到伽利略阶段……我相信,经过中国与西欧之间社会与经济类型之差异的分析,当事实材料完备之时,我们终会说明早期中国科学技术之先进以及现代科学仅在欧洲之后起的原因。"

本书从四种关系的视角提出了一个整体性解释用以说明古代中国为什么没有产生出现代意义上的科学。

中国古代文明的存续涉及超稳定结构。金观涛和刘青峰最早将"超稳定结构"这一提法用于描述中国古代文明。[①]超稳定结构是控制论的一个概念,控制论[②]认为,在系统结构出现严重的不稳定和危机时,大系统的演化有两大方向:一个方向是旧结构被破坏瓦解并形成新的结构,如人类社会从采集-狩猎时代到农业文明时代、工业文明时代的演化;另一个方向是旧结构崩溃,消除旧结构中导致不稳定和危机的因素,而后回复到原有的结构状态。在后一种演化模式中,从长期和总体上看,系统结构基本不变,控制论称这种系统为超稳定结构(ultrastable system)。超稳定结构通过周期性振荡实现其长期的稳定性,但是短期可能存在较大的波动。金观涛和刘青峰认为,中国封建社会符合长期稳定和周期性振荡的特征,是一种超稳定结构。[③]

中国封建社会的超稳定结构和黄炎培提出的历史周期律具有共通之处。1945年7月,黄炎培到延安考察,与毛泽东会见时谈到[④]:

"我生六十多年,耳闻的不说,所亲眼看到的,真所谓'其兴也勃焉','其亡也忽焉',一人,一家,一团体,一地方,乃至一国,不少单位都没有跳出这周期率(律)的支配力。大凡初时聚精会神,没有一事不用心,没有一人不卖力,也许那时艰难困苦,只有从万死中觅取一生。既而环境渐渐好转了,精神也就渐渐放下了。有的因为历史长久,自然地惰性发作,由少数演变为多数,到风气养成,虽有大力,无法扭转,并且无法补救。也有为了区域一步步扩大,它的扩大,有的出于自然发展,有的为功业欲所驱使,强求发展,到干部人才渐见竭蹶、艰于应付的时候,环境倒越加复杂起来了,控制力不免趋于薄弱了。一部历史'政怠宦成'的也有,'人亡政息'的也有,'求荣取辱'的也有。总之没有能跳出这周期率(律)。"

① 金观涛,刘青峰. 兴盛与危机:论中国封建社会的超稳定结构[M]. 长沙:湖南人民出版社,1984.
② Ashby W R. Design for a brain. 见:金观涛,刘青峰. 兴盛与危机:论中国封建社会的超稳定结构[M]. 长沙:湖南人民出版社,1984.
③ 金观涛,刘青峰. 兴盛与危机:论中国封建社会的超稳定结构[M]. 长沙:湖南人民出版社,1984.
④ 黄炎培. 见:杨津涛. 毛泽东与黄炎培畅谈:跳出兴亡周期率唯有靠"民主"[EB/OL]. http://history.people.com.cn/n/2013/1024/c198452-23311311.html. [2013-10-24].

7.1 中国古代文明中的人与人的关系

人与人的关系在任何一个文化或文明中都有极其重要的地位，但是相关论述也十分多，故本章不就此展开讨论。为了从历史的枝节中超脱出来，更好地看到历史的趋势，本书对中国古代人与人关系的理解主要借鉴金观涛等的观点，金观涛等是从系统论和控制论的横断学科的视角来考察中国古代文明的，这和本书的整体性的思路是一致的。金观涛和刘青峰认为，中国古代社会的大部分时期是以儒家思想为正统思想，以儒生为主要管理人员，通过对分封制的调节、限制人身依附关系、抑制军事割据等强控制手段形成一体化结构。一体化结构同时滋生了官僚结构的膨胀和腐化为主的无组织力量。一体化力量和无组织力量相互作用导致了中国古代社会的超稳定结构。[①]

从本书的视角来看，金观涛等的观点有以下可以进一步完善的地方。第一，金观涛等虽然未明确提出人与自然的关系对人与人的关系的制约作用，但是他认为农民起义的直接原因是因为耕地不足导致生存危机；而耕地不足是因为人口过多，所以人与自然的关系应该是金的著作隐含的主线。第二，人口增多以后为什么会导致社会更加无序呢？这应该与我国古代的社会结构中人口增多导致贫富差距加大有关。第三，在改朝换代后，为什么社会常常可以快速地稳定下来并持续较长的时间呢？除了人与自然的关系以外，还涉及人与自身的关系。第四，金观涛等对一些科技发明的失传与反复发明归结于人与人的关系导致的朝代更替，实际上，这种现象的根源还应当包含人对物的关系不受重视。本章将就这几点展开说明。特别地，将建构一个模型定量论证第二点。

7.2 中国古代文明中的天人关系

虽然在荀子之前，中国就出现了"天人相分"的思想[②]，但是在古代中国，偏重整体论的天人思想可以说是占了主导地位。

中国古代对天人相合关系的认识广泛见于医、释、儒、道等各类典籍。

《黄帝内经·素问·宝命全形论》指出："天地合气，命之曰人"。人应当"法于阴阳，和以术数"（《黄帝内经·素问·上古天真论》）。《黄帝内经·素问·四气调神大论篇》指出了人在不同季节如何与天地相互调谐进行养生的办法："春三月，此谓发陈，天地俱生，万物以荣。夜卧早起，广步于庭，被发缓形，以使志生，生而勿

---

① 金观涛，刘青峰. 兴盛与危机：论中国封建社会的超稳定结构[M]. 长沙：湖南人民出版社，1984.

② 梁涛. 竹简《穷达以时》与早期儒家天人观[J]. 哲学研究，2003，（4）：65-70.

杀，予而勿夺，赏而勿罚，此春气之应，养生之道也。逆之则伤肝，夏为寒变，奉长者少。夏三月……使志无怒……养长之道。秋三月……使志安宁……养收之道也。冬三月……使志若伏若匿……养藏之道也……所以圣人春夏养阳，秋冬养阴，以从其根，故与万物沉浮于生长之门。"

《道德经》说："天地不仁，以万物为刍狗；圣人不仁，以百姓为刍狗。天地之间，其犹橐龠乎？虚而不屈，动而俞出。多闻数穷，不若守于中。"还说："人法地，地法天，天法道，道法自然。"《庄子·齐物论》说："天地与我并生，而万物与我为一。"

天人合一的思想在儒家传统中源远流长。其中，许多我们今天还耳熟能详。"天行健，君子以自强不息。地势坤，君子以厚德载物。"（《周易象传》）。"圣人有以仰观俯察，象天地而育群品，云行雨施，效四时以生万物。若用之以顺，则两仪序而百物和，若行之以逆，则六位倾而五行乱。"（《〈周易正义〉序》）。"天何言哉？四时行焉，百物生焉，天何言哉"（《论语·阳货第十七》）。北宋学者张载在《正蒙·乾称篇》中首次直接提出"天人合一"这个词："儒者则因明致诚，因诚致明，故天人合一。"

李约瑟也在著作中多次提到中国古代文化认为宇宙是一个巨大的、内在统一的有机体。[①]

这种整体论的思想还体现在知识论上。

"道可道，非常道"，《道德经·道经》[②]的开篇之言对中国文化的影响无疑是极其深远的。"知北游于玄水之上，登隐弅之丘，而适遭无为谓焉。知谓无为谓曰：'予欲有问乎若：何思何虑则知道？何处何服则安道？何从何道则得道？'三问而无为谓不答也，非不答，不知答也。知不得问，反于白水之南，登狐阕之上，而睹狂屈焉。知以之言也问乎狂屈。狂屈曰：'唉！予知之，将语若，中欲言而忘其所欲言。'知不得问，反于帝宫，见黄帝而问焉。黄帝曰：'无思无虑始知道，无处无服始安道，无从无道始得道。'……黄帝曰：'彼其真是也，以其不知也；此其似之也，以其忘之也；予与若终不近也，以其知之也'"（《庄子·知北游》）。这段话的大意是，黄帝认为，不知道回答什么是"道"的无为谓是真正知道"道"的人，知道怎么回答可是正想回答时又忘了想说的话的狂屈是接近于知道"道"的人，而知道什么是"道"的黄帝本人和知始终未能接近于道。

禅宗传入中国以后，出现了适应中国文化特点的变化，并且在唐末五代迅速

---

① 李约瑟. 柯林·罗南改编. 上海交通大学科学史系译，江晓原策划. 中华科技文明史（第2卷）[M]. 上海人民出版社，2002：212，356，398.

② 多数的版本中《道经》在《德经》之前。但是也有的版本是相反的。本书不就此展开讨论，故使用《道德经·道经》的提法。

兴起。"法眼文益在《宗门十规论》中说：'祖师西来，非有法可传……但直指人心，见性成佛'；'此门奇特，乃是教外别传'。强调'传心''不立文字'和'教外别传'，不提倡读经和著书立说，这样便与诸宗划清界限。禅宗主张人人皆有佛性，皆可成佛，引导信徒自修自悟，'识心见性''顿见真如本性'，不主张到处求法求佛。"①

李约瑟这样评价过汉语："汉语中所使用的语音的缺乏大大削减了语言的用途，至少影响了科学专业术语的发展……同源异体字的产生也可认为是对语音日益贫乏的补偿，但是直到公元 13 世纪，它只在口语中被使用而未被书面语所采纳……汉语尽管语义不明确，它却有一种精炼、简洁和玉琢般的特质，给人的印象是朴素而优雅，简洁而有力，这也是与其他语言相比显现的一个优点。"②

是什么原因让李约瑟如此评论汉语呢？至少有一个理由是值得重视的。美国加州大学圣地亚哥校区比较文学系原系主任叶维廉这样分析汉语语法与中国传统美感的关系："中国传统的美感视觉一开始就是超脱分析性、演绎性的"，汉语语法的"灵活性让字与读者之间建立一种自由的关系，读者在字与字之间保持着一种'若即若离'的解读活动，在'指义'与'不指义'的中间地带，而造成一种类似'指义前'物象自现的状态……没有定位，作者仿佛站在一边，任读者直现事物之间"。③让读者置身其间，整体性地参与，这或许是汉语呈现出如此特质的真正的、内在的原因。由此还可以看出，李约瑟对汉语特质的评价在一定意义上也说明他那个时代的西方人对中国古代文化的理解多少有些片面性。

也正是在这样注重整体性的，与天合一的文化氛围下，我们产生了"星淡华月艳岛幽椰树芳晴案白沙乱绕舟斜渡荒"④这样的字字回文诗。如果试图想象此回文诗作者在完成这一作品时的心理状态的话，或许绝大多数熟悉中国文化的人都会认为作者获得了巨大的成就感和满足感。另外，碍于不同的语法和词汇类型，在英语等语言中是不可能写出这样长的字字回文诗的。

整体性的知识论对学习者的智力要求相对较高，获得的知识带有内在知识的特点。所以有"只可意会，不可言传""朽木不可雕也"或者"心有灵犀一点通"之类的说法。《历代诗话续编》中说："严沧浪谓论诗如论禅：'禅道惟在妙悟，诗道亦在妙悟。学者顺从最上乘，具正法眼，悟第一义。'"又说："吴

---

① 来源于中国社会科学院世界宗教研究所教授杨曾文在北京大学的讲座《中国禅宗的兴起及其主要特色》的ppt，2008 年。

② 李约瑟. 柯林·罗南改编. 上海交通大学科技史系译，江晓原策划. 中华科技文明史（第 1 卷）[M]. 第一版. 上海：上海人民出版社，2001：14-16.

③ 叶维廉. 中国诗学[M]. 北京：三联书店，1992：3-17.

④ 同上.

思道诗云：'学诗浑似学参禅，竹榻蒲团不计年，直待自家都肯得，等闲拈出便超然。'"①

而这提高了文化学习的神秘性，增加了知识传播与文化普及的难度。"信则灵，不信则不灵"的悖论也容易导致知识的社会传播过程中，"魅影"、误解与真知并存。

除了智力以外，"只可意会，不可言传"或许还与整体性领悟的个体性、难以复制性有关。

中国古代，文学以外的其他艺术也留下了主客合一思想的深刻印迹。"中国文化中的艺术精神，穷究到底，只有由孔子和庄子所显出的两个典型。由孔子所显出的仁与音乐合一的典型，这是道德与艺术在穷极之地的统一，可以作万古的标程；但在实现中，乃旷千载而一遇……由庄子所显出的典型，彻底是纯艺术精神的性格，而主要又是结实在绘画上面。此一精神，自然也会伸入到其他艺术部门。"②兴起于魏晋时期的山水画使用特殊透视之目的正是让观赏者随画面而行，产生身在此山中、此水边的主客交融的感觉。

第三届梁思成奖得主程泰宁认为："'天人合一'是对宇宙，同时也是对建筑的一种认知模式。③世界万物，包括建筑在内，从表面上看是相互独立的个体，而事实上，它们之间有着内在有机的整体联系。从这种联系出发，重综合、重整体的认知模式就成了东方文化的一大特色，这和西方文化重个体、重分析显然不同……反映在建筑上，与古代西方建筑书籍多分析神庙、教堂等个体建筑不同，'周易''堪舆''园冶'等，则对建筑和'天''地''人'之间的联系给予更多的关注。"

园林是中国古代资本剩余的重要流向之一。"魏晋南北朝时期兴起的这种自然山水园林，到唐代仍很兴盛"，"禅的世俗化和园林风貌的禅意特征日益明显起来，中唐至宋，禅和园林基本同步完成了它们的演变过程……明清园林更进一步表现出内倾的意趣和写意的境界"。④清朝的圆明园从康熙初年开始修建，持续了一百多年，耗费了大量的资金，当然，它也是十分美丽的。一位英国随军牧师在目睹了圆明园的美景后写道："必须有一位身兼诗人、画家、历史学家、美术鉴定家、中国学者和其他别种天才的人物，才能图写园景，形容尽致。"⑤

如前所及，李约瑟时代的西方人对中国古代文化的理解多少有些片面性，就好比清朝的中国知识分子不得不正视西方的力量时，期望简单地倚靠"中学为体，西学为用"就可以追赶上西方一样。乃至于主张对待其他思想要采取"假

① 丁福保. 历代诗话续编（全三册：下册）[M]. 北京：中华书局，1983：1345.

② 徐复观. 中国艺术精神[M]. 上海：华东师范大学出版社，2001.

③ 程泰宁. 东西方文化比较与建筑创作[J]. 建筑学报，2005，（5）：26-31.

④ 任晓红. 禅与中国园林[M]. 北京：商务印书馆，1994：43-62.

⑤ 圆明园遗址公园. 圆明园历史概述[EB/OL]. http://www.yuanmingyuanpark.cn/gygk/ymylsgs/201010/t20101013_217878.html. [2017-06-10].

设的同情"①的罗素在谈到中国古代文明的时候都这样说："中国文化中的大部分内容在希腊文化（中）也可以找到，但我们文明中另外两个元素，犹太教和科学，中国却没有。"②

实际上，可以肯定的是，中国人在"天人关系"的一些方面比李约瑟等西方人理解的中国文明要走得远，甚至可以说远得多。导引术是一个好的范例。导引术至少可以上溯到汉代。目前广为流传的导引术之一是太极拳。以"Tai Chi Chuan""Taijiquan""Tai Chi Chuan"或"Tai ji quan"为检索词，在被西方学术界普遍认可的 ISI 网站上可以查找到 85 篇有关太极拳效果的研究文献（截至 2008 年 12 月 14 日）。这些文献都肯定了太极拳的正面效用。由此可见，太极拳的效用至少已经得到国际康复医学界的初步重视和认可。虽然关于太极拳的产生还有不少争议，但至少有一点是肯定的，太极拳的产生离不开它根植于其间的中国文化。一般认为：太极拳的形成至少离不开两个因素：第一，导引和吐纳的传承；第二，古典哲理的发展——从《周易》中"易有太极，是生两仪"一直到宋代周敦颐的《太极图说》。③而太极拳所带来的健康效用也从一定意义上说明中国古代对天人关系的理解至少有积极的、正确的因素，虽然从现代科学的角度我们尚无法明确地阐释太极拳为什么具有这样的效用。

再如，基于经络学说，"头疼医脚，脚疼医头"的针灸术也逐渐为世界所认识和接受。以"Acupuncture"为关键词检索，在 ISI 网站上可以查到 1 本 2007 年被列入 SCI Expanded 的期刊——Acupuncture & Electrotherapeutics Research，3 本被 ISI 列入链接的期刊（截至 2008 年 12 月 14 日）。

现在，有些人认为，可以认可针灸和按摩的效果，但是这些效果和中医无关。这种看法是机械主义的、片面的、错误的。针灸和按摩都是基于经络学说的，只认可针灸和按摩，而不认可经络学说，这种做法和当年的"中学为体、西学为用"何其相似。

作者常想，面对李约瑟问题，也许我们可以提出两个反问："太极拳为什么没有产生在西方文明中？""针灸术为什么没有产生在西方文明中？"从三种生产四种关系的框架看中国传统文化，是必然要提出这样的疑问的。只是，这不是本书要回答的主要问题，主要留待以后或者他人研究吧。

---

① 波特兰·罗素. 西方哲学史——及其与从古代到现代的政治、社会情况的联系[M]. 何兆武、李约瑟译. 北京：商务印书馆，1963.

② Russell B. The problem of China[EB/OL]. http：//www.gutenberg.org/files/13940/13940-h/13940-h.htm. [2004]. [2008-12-09].

③ 周庆杰，孟涛. 理之大成拳之规范——清代王宗岳《太极拳论》一文评析[J]. 首都体育学院学报，2005，17（5）：24-26.

7.3　中国古代文明中的人与物的关系

　　古代中国出现了灿烂的科技，但是，从方法论上来说，从分析性的角度理解、研究、领悟、阐发人与自然的关系，意即人与物的关系比较不被重视。"上诚好知而无道，则天下大乱矣！何以知其然邪？夫弓、弩、毕、弋、机变之知多，则鸟乱于上矣……甚矣，夫好知之乱天下也！"（《庄子·胠箧》）。这段话的意思是：统治者追求智巧而不遵从大道，那么天下必定会大乱啊！为什么这么说呢？弹弓、弓箭、弩箭、鸟网、弋箭、机关之类的智巧多了，那么鸟类生活的生态空间就被破坏了……所以天下大乱的原因就在于喜好智巧。

> **关于中医和中医药的两点看法**
>
> 　　（1）内感检验及其科学性。中医传统的诊断方法是望闻问切，这些都和医生个体情况有关。特别是切，手感和医生的情绪、心态、健康状况等相关。所以，在有些人看来，切并不科学。只是，科学的一个重要特征是重复性。虽然各个中医流派的观点可能不同，医生的个体也不同，但是，切在很多情况下可以实现重复性。例如喜脉，就是说合格的中医可以通过切判断出女性是否怀孕（一般要怀孕一个月左右才可以被诊出，尽管比当今的试纸迟检出，然而，在古代甚至不远的过去，这是很了不起的）。换言之，切具有一定的经验性和科学性。针对一位患者，不同医生的切或者同一位医生邻近时候的切可以看做是重复性检验。
>
> 　　可以把切或类似于切的，依赖于个体的情绪、心态、健康状况等的重复性检验称为内感检验。换言之，内感检验的"检验器"是人，人的状态可能不如机器稳定，但没有理由否认具有一定重复性的内感检验隐含着科学性。
>
> 　　内感检验应当是本书作者率先提出的概念，作者未在其他文献中见过。
>
> 　　内感检验依赖于人的特殊性使得使用或涉及内感检验的领域容易被掺入利益因素，导致鱼龙混杂。我曾经见识过诊疗效果很好的中医，单是给病人把脉就花了十几分钟；也见识过貌似神医的庸医，小时候，县城的一家药铺里来了位男中医，鹤发童颜仙风道骨状，诊费不菲，全城轰动，众人趋之若鹜，一周后就没什么顾客了，原来是疗效堪忧。
>
> 　　如何让中医的切这类内感检验更稳定、更一致、更切合实际，依赖于医生的健康和中医知识的普及、交流、总结、集成，乃至提升。
>
> 　　（2）中医药。各种中医药的成分和有效成分是什么，这个要研究清楚。相信有人在研究了，但是研究到什么程度了，作为局外人，就不得而知了。
>
> 　　中医药的有效成分还与产地、季节、人工栽培或野生、年份等密切相关，这方面的研究也是值得开展的。相信也有人在研究了。
>
> 　　现在看来，有些中药是有毒的，这种情况一定要研究明白，例如，近年来的研究发现何首乌可能导致肝损伤[1]。从长期来看，这类研究不会影响中医的声誉，任何一个学科的进步都需要抛弃曾经的不足。

---

　　[1] 国家食品药品监督管理总局. 食品药品监管总局办公厅关于加强含何首乌保健食品监管有关规定的通知（食药监办食监三〔2014〕137号）[EB/OL]. http://www.sda.gov.cn/WS01/CL0847/102806.html. [2014-07-09].

又如："子贡……见一丈人方将为圃畦，凿隧而入井，抱瓮而出灌，搰搰然用力甚多而见功寡。子贡曰：'有械于此，一日浸百畦，用力甚寡而见功多，夫子不欲乎？'为圃者仰而视之曰：'奈何？'曰：'凿木为机，后重前轻，挈水若抽，数如泆汤，其名曰槔。'为圃者忿然作色而笑曰：'吾闻之吾师，有机械者必有机事，有机事者必有机心。机心存于胸中，则纯白不备。纯白不备，则神生不定。神生不定者，道之所不载也。吾非不知，羞而不为也。'子贡瞒然惭，俯而不对。"（《庄子·天地篇》）。在这个故事里，子贡劝老农使用机械汲水灌溉，而老农回答说，人若追求机械，必定要做机巧的事情，因而必定有机巧之心；有了机巧之心，人的心灵就不那么纯粹了，心神也就没那么安定了；心神不定的人，就偏离大道了；因为明白了这些道理，所以不使用机械。

"子夏曰：'虽小道，必有可观者焉。致远恐泥，是以君子不为也。'"（《论语·子张》）意思是说，虽然小的技艺中必定也有可取的地方，但是如果在这方面用心就可能会妨碍远大的事业，所以君子不从事这方面的工作。"子夏曰：'百工居肆以成其事，君子学以致其道。'"（《论语·子张》）在这里，"君子"和"百工"的社会地位和分工是不同的。

刘天一发现，指南车在中国古代被反复发明，有确凿证据的成功例子有 7 次，不成功的有 4 次；传说或有旁证的有三次。[1]金观涛和刘青峰[2]认为这主要是由于朝代的更替被中断了。但是为什么基于罗盘的风水术可以代代相转？为什么许许多多的家谱可以代代相传？所以本书认为，指南车技术的失传不仅和朝代的更替有关，还应该与对人与物的关系重视不够有关。既然是"小道"、小的技艺，那么在性命攸关之时、在时间的机会成本高昂之时，是比较容易被放弃的。

影响中国古代人与物关系的还有一些偶然因素，以时钟的发明为例。一般认为，时钟是由西方传入中国的。可是，李约瑟[3]详细地研究了中国的天文史，并发现，在宋朝末年，中国的苏颂就发明了有擒纵机构的计时装置，虽然这种计时装置是用在天文仪器上的。大约 500 年后，利玛窦和他的传教士们才带来西方的时钟。宋朝灭亡以后，元朝似乎继承了宋人的这种发明，元朝的最后一位皇帝还在宫廷里制备此类计时装置。当朱元璋夺取政权后，似乎对元朝的一切都不屑一顾，中国古代制备时钟的知识与技能就这样险些被淹没在历史的长河中。尽管朝代的具体更替有一定的偶然性，但是，从这个例子也可以看出，在中国古代，人与物的关系并没有得到足够的重视。

---

① 金观涛，刘青峰. 兴盛与危机：论中国封建社会的超稳定结构[M]. 长沙：湖南人民出版社，1984：190-191.

② 同上.

③ 李约瑟. 柯林·罗南改编. 中华科技文明史（第4卷）[M]. 上海交通大学科技史系译，江晓原策划. 上海：上海人民出版社，2003：229-275.

7.4 中国古代人与自身的关系

中国古代社会阶层主要包括三大阶层：农民阶层、知识分子和官僚阶层、皇权阶层。3 个阶层由于其地位和掌握的资源不同，对各类需要的期望也不同。

皇权阶层指的是皇帝及通过亲属关系形成的、处于封建社会最上层的权利集团。对于多数皇权阶层的成员来说，基本的生理、安全、归属和爱的需要都可以较好地得到满足；尊重的需要也可以得到相当大的满足。然而，皇帝的巨大权利意味着几乎无限地受尊重，这是历史上对皇权展开争夺的主要动因。此外，也存在个别欲比尧舜，并努力实践的君主。当皇帝自我实现的目标和国家富强的整体目标一致时，有利于国家社会的进步，否则会影响社会的稳定和发展。历史上不乏以其他兴趣为重要的自我实现的目标的君主，如擅长书画、辞赋的赵佶等。但是无论如何，可以肯定的是，皇权阶层处在人与人的关系的核心，因此，处理好人与人的关系是该阶层的动机和获取利益的根本所在。

再来看知识分子和官僚阶层。一般来说，这个阶层的生存和安全需要可以获得比较好的满足。其行为动机主要面向归属和爱的需要、尊重需要和自我实现需要。

先看知识分子。春秋以来主要有几种思想占据了中国古代知识界的主要领地。冯友兰认为中国古代文化中对待自然的态度主要有三种。一种"主张自然，反对人为"，包括道家和释家。一种主张人为，利用自然，包括墨家和"自认为是儒家真正的传人"的荀子。"墨家的失败原因不明"。荀子似乎比墨子走得还远一些，他要"用征服自然，来代替复归自然。'大天而思之，孰与物畜而制之！从天而颂之，孰与制天命而用之！（《荀子·天论》）'……荀子的学生李斯任丞相。李斯辅佐秦帝国始皇帝从各方面统一了帝国，把政府的权威推进到了极点……荀子的学说，和秦王朝一起，很快地而且永远地消亡了。"[1]还有一种是中道的儒家，但是在孔子之后很快分成两类：一类是前面说的荀子，另一类是比较靠近自然的孟子。"秦朝之后，中国思想的'人为'路线几乎再也没有出现了。"汉代董仲舒以后，儒家占据了主要的意识形态领域，而道与带有中国色彩的佛成为补结构。[2]佛与道两家的知识分子中，一家以涅槃为目的，另一家则信奉"无为而无不为"。就儒家的知识分子而言，对人与人之间的关系

---

① 冯友兰. 冯友兰文集[M]. 第 10 卷. 长春：长春出版社，2008：1-18.

② 金观涛，刘青峰. 兴盛与危机：论中国封建社会的超稳定结构[M]. 长沙：湖南人民出版社，1984.

及天人关系的学习和理解能带来极大的物质或精神满足。"万般皆下品，唯有
读书高"，"书中自有黄金屋"，"学而优则仕"等为知识分子提供了一种入世后
的场景。有些知识分子还以"修身齐家治国平天下"作为自我实现的目标："大
学之道，在明明德。在亲民，在止于至善。知止而后有定，定而后能静，静而
后能安，安而后能虑，虑而后能得。物有本末，事有终始。知所先后，则近道
矣。古之欲明明德于天下者，先治其国。欲治其国者，先齐其家。欲齐其家者，
先修其身。"（《大学》）而"进则闻达于天下，退则归隐于山林"，"采菊东篱下，
悠然见南山"则提供了另一种自我实现的画面。所以，虽然在中国古代，人与
物的关系不被重视，但是对知识分子来说，马斯洛提及的几个方面的动机都可
以在人与天以及人与人的关系中获得不同程度的满足。这应该也是中国古代的
人与物关系可以长期不被重视的重要原因。王阳明说"……某因自去穷格，早
夜不得其理。到七日，亦以劳思致疾。遂相与叹圣贤是做不得的，无他大力量
去格物了。及在夷中三年，颇见得此意思，乃知天下之物本无可格者。其格物
之功，只在身心上做。"[①]

官僚的一部分本身就是知识分子，另一部分或因商、或因功、或因祖荫等而
入仕途，这一部分人对意识形态的贡献较小，他们主要是主流意识形态的受益者、
接受者、维护者。他们的各类需要主要通过参与调整社会上人与人的关系而获得
满足。

农民阶层的人生理想之一就是自给自足的生活，科举制度则为农民阶层提
供了上升的空间。"民以食为天"是中国古代管理者的底线，虽然这个底线时
常被人口过度增长及统治阶层的贪婪所突破。"平安"则体现了他们对安全的
渴望。儒家的以家庭为核心的伦理结构导致的家族为他们提供了很大程度的归
属和爱的需要的满足。"父父子子"则意味着尊重需要随着生命的延续越来越
能被满足的希望。儒家还把这样的伦理结构嵌入天命的框架中[②]，使得上述各
个层面的需要也隐隐约约闪耀着自我实现的光芒。"唐统一北方后，窦建德一
故将返乡事农，有人鼓励他重新起兵，他说：'天下已平，乐在丘园为农夫耳！
起兵之事，非所愿也。'起义首领高开道的部下，由于天下大定，'思还本土，
人心颇离。'[③]"由此可以窥见改朝换代后社会常常可以快速稳定下来的原因：
除了后面言及的人与自然关系和人与人关系的交互作用以外，还涉及人与自身
的关系。

① 王阳明. 传习录[M]. 北京：中国画报出版社，2012：321.

② 钱穆. 中国文化史导论（修订版）[M]. 北京：商务印书馆，1994.

③ 转引自：金观涛，刘青峰. 兴盛与危机：论中国封建社会的超稳定结构[M]. 长沙：湖南人民出版社，
1984：128.

7.5 人与自然的关系和人与人的关系的交互作用

在中外文明史上，人与自然的关系和人与人的关系之间有明显的交互作用。有的交互作用在一定时期促进了社会的发展，有的则阻碍了社会进步。在上述论述中或多或少涉及这种交互作用，下面再举几例说明。

人天关系的思想在一些制度中有所体现。甚至有十分深远的影响。

中国的祭天文化历史悠久。《尚书·尧典》说："乃命羲和，钦若昊天，历象日月星辰，敬授人时。分命羲仲，宅嵎夷，曰旸谷。寅宾出日，平秩东作⋯⋯"而至夏、商、周三代及其以后各代，祭天的记载更加丰富。①

在中国古代，司法中有"秋决"制度，正是合了秋天草木凋零的肃杀之气。吕世伦和邓少岭认为："古代中国基本的宇宙图式是天人合一，这一图式又是一个审美境界，富于审美意义。此一特征广泛而深刻地影响了古中国法律，使中华法系具有浓厚的审美色彩。"②

有时候，在有些国家或地区，某种宗教成为国教，例如，在宋朝，道教一度成为中国的国教。在中世纪的西欧，神权政治制度延续千年之久。

人与人的关系也反过来影响、制约甚至利用对人天关系的认识。

前面提及的祭天仪式固定下来之后，逐渐地和人与人的关系相结合，成为少部分人才能进行的活动。"天子祭天地，诸侯祭社稷，大夫祭五祀。"（《礼记·王制》）

"宋代以降，《步天歌》受到高度重视，被视为描述星象的最权威记录⋯⋯由于《步天歌》在传习天文知识中的巨大作用，以至从宋郑樵《通志·天文略》起，往往将其视为秘术，限定只能在灵台③传诵，严禁传入民间。"④究其原因"上古'天文'是沟通天人之际的重要手段，拥有宣示天意的权威，所以历代统治者严禁私习天文。"⑤又，《灵台》篇孔颖达疏引公羊说云："天子有灵台以观天文⋯⋯诸侯卑，不得观天文，无灵台。"⑥

"《丹元子步天歌》还采用三垣来划分星空。三垣即紫微垣、太微垣和天市垣⋯⋯古人将北极周围邻近的星座，用想象的虚拟线条联系为三个星空区，各区都以东西两藩的星绕成墙垣形式，故取名为三垣，作为天宫中天帝的官署⋯⋯紫微垣简称紫垣、紫宫，其所在肇的天区是北极周围，共有三十七个星座，分别为

① 陈烈. 中国祭天文化[M]. 北京：宗教文化出版社，2000.
② 吕世伦，邓少岭. 天人合一境界中的中华法系之美[J]. 现代法学，2005，25（3）：35-39.
③ 这里的"灵台"应当是指古代的天文台.
④ 盖建民. 《丹元子步天歌》中的天文思想略析[J]. 道教论坛，2006，（1）：11-14.
⑤ 江晓原. 上古天文考——古代中国"天文"之性质与功能[J]. 中国文化，1991，（1）：48-58.
⑥ 转引自：江晓原. 上古天文考——古代中国"天文"之性质与功能[J]. 中国文化，1991，（1）：48-58.

北极（包括太子、帝、庶子、后宫、北极共五星）……紫微垣乃三垣的中垣，居北天中央位置，故又称中宫……太微之于三垣，乃象征天宫的政府官署……天市垣象征天帝率诸侯所幸都市。"①

"日食和月食也有可能出于政治上的原因有所增减，为了批评朝廷就增加一些，统治开明就减少一些。所以当不受欢迎和残暴的吕后当政时，尽管当时不曾发生日食，却出现了一次日食通报（公元前 186 年）……（有关日食的）记录经常不完整。而且它的不完整程度与朝廷的威望相吻合。汉代日食记录最完整的时代就是儒家官吏最不满意的朝代。"②

《明皇杂录》中记录了一行和尚利用星象变化救人的神话故事。③从这个故事也可以看出古人对人与天的关系的认识，以及人与人的关系和人与天的关系的交互作用。

> "初，一行幼时家贫。邻有王姥者……前后济之约数十万，一行长思报之。至开元中，一行承玄宗敬遇，言无不可。未几，会王姥儿犯杀人，狱未具，姥诣一行求救。一行曰：'姥要金帛，当十倍酬也；君上执法，难以求情，如何？'王姥戟手大骂曰：'何用识此僧！'一行从而谢之，终不顾。

> 一行心计浑天寺中工役数百，乃命空其室内，徙一大瓮于中。密选常住奴二人，授以布囊，谓曰：'某坊某角有废园。汝向中潜伺。从午至昏，当有物入来。其数七者，可尽掩之。失一则杖汝。'如言而往。至酉后，果有群豕至，悉获而归。一行大喜，令置瓮中，覆以木盖，封以六一泥，朱题梵字数十。其徒莫测。诘朝，中使叩门急召，至便殿，玄宗迎谓曰：'太史奏昨夜北斗不见，是何祥也？师有以禳之乎？'一行曰：'后魏时失荧惑，至今帝车不见。古所无者，天将大警于陛下也……如臣曲见，莫若大赦天下。'玄宗从之。又其夕太史奏。北斗一星见。凡七日而复。"

7.6　解答李约瑟问题的整体性视角和稳定的根由

综上所述，从四种关系的视角看，在中国古代，各个阶层的人的五层次需要

---

① 盖建民. 《丹元子步天歌》中的天文思想略析[J]. 道教论坛，2006，（1）：11-14.

② 李约瑟. 柯林·罗南改编. 中华科技文明史[M]. 第 1 卷. 上海交通大学科学史系译，江晓原策划. 上海：上海人民出版社，2001：213.

③ 郑处海，裴庭裕. 明皇杂录[M]. 田廷柱点校. 北京：中华书局，1994：43-44.

都得到一定程度的满足，这是理解李约瑟问题的核心，也是超稳定结构中"稳定"的根由。也就是说，因为在中国封建社会的制度设计下，人的需要得到足够好的满足，所以，人心通常不思变，社会心理比较稳定，由此，这种制度结构具有相当强的稳定性。

7.7 历史周期律的缘由是什么

既然在中国封建社会，有这么多使得社会心理稳定的制度设计，为什么还会出现朝代的交替循环呢？研究者有多种看法。金观涛和刘青峰认为无组织力量破坏了系统的可恢复性，最后导致系统崩溃。所谓无组织力量，是指某种社会结构在运行过程中释放出来的对原有的结构有瓦解作用，但其本身又不代表新结构的那种力量。[1]

本书对无组织力量的观点做两点补充。

7.7.1 "循环"的缘由之一：马尔萨斯陷阱

中国古代对人与自然的关系对人与人的关系的制约作用的认识存在不足，主要表现是未处理好人口与土地之间的矛盾，即在当时的社会经济条件下避免不了马尔萨斯人口陷阱[2]，以及人口快速增长导致的贫富差距加大。每一个激烈的朝代更替后，人口急剧减少。《汉书》说："汉兴，接秦之敝，诸侯并起，民失作业，而大饥馑。凡米石五千，人相食，死者过半，户口可得数才什二三。"[3]梁方仲的研究认为：公元157年，东汉人口有5600多万；而经历了大动乱后，到公元260—280年间，魏、蜀、吴三国的人口总数760多万。"[4]从隋到唐，从唐到宋，从宋、元到明、清，每次大的改朝换代都导致人口的巨大变化。改朝换代的动荡事实上完成了土地的重新分配。在新朝代初期，由于人口减少，土地资源比较丰富，甚至有很多无主的土地，所以自耕农基本可以安居乐业。以清朝为例，顺治七年"（陕西）镇安等州县，田多荒芜，官给牛种招垦，尚且无人承种，又安有买地纳税者。"[5]到了康熙时，情况略有转变："连岁以来，天下初

---

① 金观涛，刘青峰. 兴盛与危机：论中国封建社会的超稳定结构[M]. 长沙：湖南人民出版社，1984：60-313.

② 马尔萨斯的人口理论存在一定的局限性。例如，福斯特对马尔萨斯的人口理论有值得关注的评论。详见：约翰·贝拉米·福斯特. 马克思的生态学——唯物主义与自然[M]. 刘仁胜，肖峰译. 刘庸安校. 北京：高等教育出版社，2006.

③ 转引自：金观涛，刘青峰. 兴盛与危机：论中国封建社会的超稳定结构[M]. 长沙：湖南人民出版社，1984：178. 一般认为"什二三"这样的描述并不代表确切的数字，只是表示大致情况。

④ 同上。

⑤ 孟乔芳《为仰遵除荒为例验地酌税以残邑事》，转引自：戴逸《简明清史》第349页。本书转引自：余耀华. 中国价格史：先秦——清朝[M]. 北京：中国物价出版社，2000：949.

定，田亩新辟，土旷人稀，豪强之兼并者尚少"。[①]"清代田价自康熙年间每亩4～5两（银），到乾隆中期已涨至7～8两，高者达10余两，而到嘉庆二十年，每亩价格已涨至50余两"。[②]田价一百多年涨了十多倍。总的来说，随着人口的增长，由于土地生产力增长缓慢，人均耕地面积不断下降，土地资源趋于稀缺，不再存在无主的土地，荒地也逐渐被利用，土地的价格开始逐渐上升，日益成为富裕阶层的投资工具。[③]"米价腾，人争置……康熙十九年……因米价腾贵，田价骤涨。"[④]一些自耕农由于分家、健康等原因或豪强的霸占，开始失去土地，成为流民、佃农，或者卖身为奴。人口进一步增长，土地的价格及其预期价格进一步上升，权势阶层对土地的投资或攫取的动机越来越强，无土地或其土地拥有量难以维持生存的人口数量不断上升。长此以往，这样的正反馈机制最后导致越来越多的人的基本生存需要无法得到满足，成为引发社会剧烈动荡和王朝更替的重要原因之一。如此往复。

清人开始认识到人口问题，例如，"高、曾之时，隙地未尽辟，闲廛未尽居也。然亦不过增一倍而止矣，或增三倍五倍而止矣，而户口则增至十倍二十倍，是田与屋之数常处不足，而户与口之数常处其有余也。又况有兼并之家，一人据百人之屋，一户占百户之田……"。[⑤]针对人口问题，古人也采取了一定的措施，如古代，中外都存在"溺婴"现象。[⑥]但总的来说，并没能有效地控制社会人口的增长。

有时，外来高产农作物种或新的农业技术的引入可以增加粮食产量，短期性减轻人口过多造成的压力。从更长时间尺度来看，在引入新的作物或农业技术以后，土地的边际产出仍然是递减的，也就是说，在人口持续增长的情况下，高产作物或新的农业技术可以在短期内解决人口问题。但是，随着人口持续增加，土地总有一天会难以支撑人口生计，除非有更高产的作物或农业技术继续被引入。可见，新的高产作物的引入只是拖延而非彻底解决人口问题。

马尔萨斯陷阱和人口的高自然增长率密切相关。但是，在马尔萨斯陷阱中，没有区分不同阶层的生育率。下面，我们分析不同阶层的人口自然增长率的差异对社会公平的影响。

---

① 《魏文毅奏疏》卷2；转引自戴逸《简明清史》第349页。本书转引自：余耀华. 中国价格史：先秦——清朝[M]. 北京：中国物价出版社，2000：949.

② 余耀华. 中国价格史：先秦——清朝[M]. 北京：中国物价出版社，2000：949.

③ 彭超. 明清时期徽州地区的土地价格与地租[J]. 中国社会经济史研究，1988，（2）：56-62.

④《阅世篇》卷1《田产一》. 转引自：余耀华. 中国价格史：先秦——清朝[M]. 北京：中国物价出版社，2000：952.

⑤ 洪亮吉.《卷施阁文甲集》卷1. 转引自：余耀华. 中国价格史：先秦——清朝[M]. 北京：中国物价出版社，2000：952.

⑥ 齐麟. 对"溺婴"的人口社会学分析[J]. 西北人口，2002，（2）：22-24.

7.7.2 "循环"的缘由之二：皇室和富人阶层的高生育率与等级社会必然提高社会的不平等程度

"多子多福"是中国古代社会主流的生育观，其由来已久。《诗经·鲁颂》里有"俾尔昌而炽"的说法。《庄子·天地》中有华封三祝："尧观乎华，华封人曰：'嘻，圣人。请祝圣人，使圣人寿。'尧曰：'辞。''使圣人富。'尧曰：'辞。''使圣人多男子。'尧曰：'辞。'封人曰：'寿、富、多男子，人之所欲也，女独不欲，何邪？'尧曰：'多男子则多惧，富则多事，寿则多辱。是三者非所以养德也，故辞。'"尽管尧辞谢了华封人的祝福，但是正如华封人所说，长寿、富裕和多子是大家都期望的（状态）。

多子多福观的起因可能是多方面的。"地有余而民不足，君子耻之"（《礼记·杂记》）。具体来说，可能包括但不限于以下原因：一是在封建社会早期，人类的生产力逐渐提高，人类的开荒拓野能力随之增加，改造后的自然环境可以承载更多的人口，而开荒拓野工作也需要更多的人口，尤其是强壮的男子；二是战争通常消耗了大量的年轻人口，尤其是男子，而且，在大型战争期间，生育率普遍下降，导致人口减少、土地荒废，因而，战争过后需要补充（大量）人口。

在古代社会，以男性为基数，皇室和富人阶层的人口增长率比社会其他阶层来得高。一是因为皇室和富人阶层可以娶不止一位女性。如果把这些女性都计算在内，皇室或富人阶层的人口自然增长率并不一定高于社会其他阶层，但是，这些女性对皇室或富人阶层通常并不重要，重要的是她们生出的小孩，尤其是男孩。因此，以男性为基数计算皇室和富人阶层的生育率是合理的。二是皇室和富人阶层养得起众多的后代。这样，在"多子多福"的观念驱动下，皇室几乎是毫无节制地生育；富人的生育速度虽然低于皇室，但是高于社会其他阶层。

《汉书·平帝纪》中记载："汉元至今，十有余万人。"按这个记载，袁祖亮估算西汉时期刘氏宗室的人口自然增长率是 40.8‰，远高于他估计的东汉人口自然增长率 9.96‰；[1]虽然袁祖亮没有提供西汉的数据，但他在书中又说道，在一个朝代内部，"其人口的自然增长率在 10‰ 以下，估计其他朝代的人口自然增长率与东汉时期的情况大同小异"。[2]例如，明代从洪武末年（1398 年）到万历三十二年

---

[1] 袁祖亮. 中国古代人口史专题研究[M]. 郑州：中州古籍出版社，1994：73-82.

[2] 朝代更替之时，通常伴随着战争和人口大幅度减少。所以一个朝代的初期，通常人口比较少，而后逐渐增加。在朝代初期增长通常比较快，而后变缓。

（1604 年），朱氏宗室的人口自然增长率是 35.7‰[①]。

袁祖亮估计孔子家族的年平均人口自然增长率是整个社会年平均自然增长率的 5 倍左右。[②]"康熙之后久无战事，长期稳定的和平生活，使八旗人口'生齿日繁'，到京时一人，此时几成一族。"[③]

在每一个朝代，皇室是世袭的，官僚、地主等富人阶层有一定的流动性，但是从总体上看，还是存在阶层固化的问题——"传统中国社会不仅始终是等级社会，也始终是少数统治。当然，这也可以说是前者题中应有之义。官员阶层始终只占中国人口中一个极小的比例，一般仅一万多人，最多也不过数万，即便加上'士人'阶层，甚至包括低级的士人——生员，连同所有这些人的家属，总数也不过百万，常常还不到人口总数的百分之一，甚至千分之一。明末清初顾炎武[④]估计中国生员的总数是 50 万人。"[⑤]

在等级社会中，人的出身较大概率决定了他的机会。在一个朝代内部，皇室或者富人总是努力谋求给予后代比社会其他阶层更多的机会或财富。崇祯十七年（1644 年）八旗军将士、家眷及其奴仆"从龙入关。""在这种'举旗迁徙'的情况下，一时间北京等地人口骤增。为了保证北京地区的统治阶层对土地日益增长的要求，清统治者发出了圈占土地的命令。圈地令正式颁布于顺治二年（1645 年），直到康熙八年（1669 年）才由于人民的强烈反抗而终止。在这 25 年间，大规模的圈占土地共进行了三次。清统治者从中获得的土地至少有 14 万余顷。"[⑥]

基于朝代内皇室和富人阶层的高生育率，以及等级社会两个事实，本书建构了一个模型，可以定量地说明富人阶层的高生育率和等级社会必然提高社会的基尼系数，即必然提高社会的不平等程度。详见附录Ⅰ。

通过模型，结合上述分析可见，在朝代初期，通常人口稀少，人均土地资源丰裕，社会平等程度比较高，社会比较稳定。而随着人口逐步增长，人均土地资源逐步下降，皇室和富人阶层的人口占总人口的比例逐渐提高，为了保证后代具有良好的生活条件，皇室和富人阶层有动机、有条件攫取更多的社会资源和财富，因而在朝代中后期，机构膨胀和臃肿、豪强霸占土地、社会流动机制效率下降、阶层趋于固化等现象就是必然的、不可避免的。

---

① 袁祖亮. 中国古代人口史专题研究[M]. 郑州：中州古籍出版社，1994：73-82.

② 同上：87.

③ 石方. 清朝中期的"京旗移垦"、汉族移民东北及其社会意义[J]. 人口学刊，1987，（4）：31-36.

④ 顾炎武. 顾亭林诗文集[M]. 北京：中华书局，1959：21. 见：陈迪. 精英流动与社会平衡——考察中国古代官僚制的视角[D]. 东南大学硕士学位论文，2005.

⑤ 陈迪. 精英流动与社会平衡——考察中国古代官僚制的视角[D]. 东南大学硕士学位论文，2005.

⑥ 石方. 清朝中期的"京旗移垦"、汉族移民东北及其社会意义[J]. 人口学刊，1987，（4）：31-36.

7.8 小结

我们以中国古代文明为例，分析了四种关系在期间的作用。我们认为，把人与自然的关系分解成人与天的关系及人与物的关系这种划分方式可以作为理解"李约瑟问题"的整体性视角和金观涛等提出的中国古代社会超稳定结构①的重要补充，文中还指出古代中国在天人关系方面比西方人想象的要走得远。在古代中国，总的来说，人与人的关系和人与天的关系比较受重视；相对而言，人与物的关系比较不被重视。而且，多数时候，各个阶层的人的人与自身的关系在对人与人的关系及人与天的关系的处理上，各个层面的需要都有被满足的空间。这是中国封建社会超稳定结构的重要社会心理基础。

在当代中国，如何处理好上述四种关系，关系到生态文明建设的走向、成败与深度。在生态文明建设中，我们要注意做好以下工作：整理、区分、保护好传统文化中的优秀因素，汲取传统天人关系中的积极成分，并努力将其与西方文明中的优秀成分相融合；学习西方先进科学技术，合理运用人与人之间的关系以引导人与物之间关系的健康发展，避免人与人关系对人与物关系的不当干涉；协调好人与人之间的关系，积极推进社会主义民主，使社会公正、和谐地发展，从而真正一步步努力去实现社会中人的全面发展。

---

① 金观涛，刘青峰. 兴盛与危机：论中国封建社会的超稳定结构[M]. 长沙：湖南人民出版社，1984：178.

第八章　当代中国案例：从三种生产四种关系的框架看公众的核心需要——从温饱到安全感①

8.1　人的需要是人的各种行为的基本动力

个体的人是研究人的基础和出发点。"在任何情况下，个人总是'从自己出发的'。"②"个人总是并且也不可能不是从自己本身出发的。"③"肉体的个人是我们的'人'的真正的基础，真正的出发点。"④

研究人，离不开人的需要。人的需要是人的各种行为的基本动力。虽然"人们已经习惯用他们的思维而不是用他们的需要来解释他们的行为。"⑤但实际上，"任何人如果不同时为了自己的某种需要和为了这种需要的器官而做事，他就什么也不能做。"⑥

人的需要是消费的动力，因而也是生产的根源。"消费在观念上提出生产的对象，把它作为内心的图像、作为需要、作为动力和目的提出来……没有需要，就没有生产。而消费则把需要再生产出来。"⑦"消费，作为必需，作为需要，本身就是生产活动的一个内在因素。"⑧

人的需要，把人与人联系起来。"由于他们的需要即他们的本性，以及他们求得满足的方式，把他们联系起来（两性关系、交换、分工）所以他们必然要发生相互关系。"⑨"正是自然的必然性、人的特性（不管它们表现为怎样的异化形式）、利益把市民社会的成员彼此连接起来……他们不是神类的利己主义者，而是利己主义的人。"⑩"把他们连接起来的唯一纽带是自然的必然性，是

---

① 本章主要完成于 2013 年年初。出版时未做大的改动。值得一提的是，作者个人感觉到近年来的社会的安全需要已经得到更好的满足，社会的主要需要更多地转向归属和爱的需要。

② 马克思，恩格斯. 马克思恩格斯全集（第 3 卷）[M]. 北京：人民出版社，1960：514.

③ 同上：274.

④ 马克思，恩格斯. 马克思恩格斯全集（第 27 卷）[M]. 北京：人民出版社，1960：13.

⑤ 马克思，恩格斯. 马克思恩格斯全集（第 3 卷）[M]. 北京：人民出版社，1960：514.

⑥ 同上：286.

⑦ 马克思，恩格斯. 马克思恩格斯选集（第 2 卷）[M]. 北京：人民出版社，1995：9.

⑧ 同上：9.

⑨ 马克思，恩格斯. 马克思恩格斯全集（第 3 卷）[M]. 北京：人民出版社，1960：514.

⑩ 马克思，恩格斯. 马克思恩格斯全集（第 2 卷）[M]. 北京：人民出版社，1957：153-154.

需要和私人利益。"①

为了满足人的需要产生了人类的历史活动。"已经得到满足第一个需要本身、满足需要的活动和已经获得的为满足需要而用的工具又引起新的需要，而这种新的需要的产生是第一个历史活动。"②"历史什么事情也没有做，……创造这一切，拥有这一切并为这一切而斗争的，不是'历史'，而正是人，现实的、活生生的人。'历史'并不是把人当做达到自己目的的工具来利用的某些特殊的人格。历史不过是追求着自己的目的的人的活动而已。"③"人们之所以有历史，是因为他们必须生产自己的生活，而且必须用一定的方式来进行：这是受他们的肉体组织制约的，人们的意识也是这样受制约的。"④"历史破天荒第一次被置于它的真正基础上。"⑤

人的需要导致的物质的生活资料的生产是意识形态的基础。"正像达尔文发现有机界的发展规律一样，马克思发现了人类历史的发展规律，即历来为繁茂芜杂的意识形态所掩盖着的一个简单事实：人们首先必须吃、喝、穿，然后才能从事政治、科学、艺术、宗教等；所以，直接的物质的生活资料的生产，因而一个民族或一个时代的一定的经济发展阶段，便构成为基础，人们的国家制度、法的观点、艺术以至宗教观念，就是从这个基础上发展起来的，因而，也必须由这个基础来解释，而不是像过去那样做得相反。"⑥

人的需要是能动和受动的统一。"人作为自然存在物，而且作为有生命的自然存在物，一方面具有自然力、生命力，是能动的自然存在物，这些力量作为天赋和才能、作为欲望存在于人身上；另一方面，人作为自然的、肉体的、感性的、对象性的存在物，同动植物一样，是受动的、受制约的和受限制的存在物。"⑦人的需要的发展与人的发展、生产的发展是紧密联系的。"绝不是禁欲，而是发展生产力，发展生产的能力，因而既是发展消费的能力，又是发展消费的资料。消费的能力是消费的条件，因而是消费的首要手段，而这种能力是一种个人才能的发展，一种生产力的发展。"⑧人类历史最终是"个人本身力量发展的历史。"⑨

8.2　人的需要是多样性、有层次的

人的需要是多样的；社会的文明程度越高，人的需要就越丰富；在社会主义

---

① 马克思, 恩格斯. 马克思恩格斯全集（第3卷）[M]. 北京：人民出版社, 2002：185.
② 马克思, 恩格斯. 马克思恩格斯选集（第1卷）[M]. 北京：人民出版社, 1995：79.
③ 马克思, 恩格斯. 马克思恩格斯全集（第2卷）[M]. 北京：人民出版社, 1957：118-119.
④ 马克思, 恩格斯. 马克思恩格斯选集（第1卷）[M]. 北京：人民出版社, 1995：81.
⑤ 马克思, 恩格斯. 马克思恩格斯选集（第3卷）[M]. 北京：人民出版社, 1995：335.
⑥ 同上：574.
⑦ 马克思. 1844年经济学哲学手稿[M]. 北京：人民出版社, 2000：105.
⑧ 马克思, 恩格斯. 马克思恩格斯全集（第46卷下）[M]. 北京：人民出版社, 1979：225.
⑨ 马克思, 恩格斯. 马克思恩格斯选集（第1卷）[M]. 北京：人民出版社, 1995：124.

条件下，人的丰富的需要的重要性和生产方式、生产对象的重要性是一致的；人的丰富的需要体现了人的本质。"财富从物质上来看只是需要的多样性"。①"在社会主义的前提下，人的需要的丰富性具有什么样的意义，从而某种新的生产方式和某种新的生产对象具有什么样的意义。人的本质力量得到新的证明，人的本质得到新的充实。"②

在马克思恩格斯的著作中列举了人的多种具体的需要。"饥饿是自然的需要"，③"由于他们的需要即他们的本性，以及他们求得满足的方式，把他们联系起来（两性关系、交换、分工）"，④"人是最名副其实的政治动物，不仅是一种合群的动物，而且是只有在社会中才能独立的动物"，⑤"激情、热情是人强烈追求自己的对象的本质力量。"⑥"人也按照美的规律来构造。"⑦

人的需要是有层次的。"忧心忡忡的、贫穷的人对美丽的景色都没有什么感觉"，⑧因为他们最重要的需要就是期望能吃饱、穿好、住好。"人们首先必须吃、喝、穿，然后才能从事政治、科学、艺术、宗教等"。⑨"人不仅为生存而斗争，而且为享受，为增加自己的享受而斗争"。⑩

8.3 人的需要是演化的

8.3.1 人的需要及其满足是受社会物质条件、文化制度状况等制约影响的

人的需要及其满足受社会状况制约。首先是物质方面的因素。"因为所谓的第一生活需要的数量和满足需要的方式，在很大程度上取决于社会的文明状况。"⑪"个人怎样表现自己的生活，他们自己就是怎样。因此，他们是什么样的，同他们的生产是一致的——既和他们生产什么一致，又和他们怎样生产一致。因而，个人是什么样的，取决于他们进行生产的物质条件。"⑫其

---

① 马克思，恩格斯. 马克思恩格斯全集（第 46 卷下）[M]. 北京：人民出版社，1980：19.

② 马克思. 1844 年经济学哲学手稿[M]. 北京：人民出版社，2000：120.

③ 同上：106.

④ 马克思，恩格斯. 马克思恩格斯全集（第 3 卷）[M]. 北京：人民出版社，1960：514.

⑤ 马克思，恩格斯. 马克思恩格斯选集（第 2 卷）[M]. 北京：人民出版社，1995：2.

⑥ 马克思. 1844 年经济学哲学手稿[M]. 北京：人民出版社，2000：107.

⑦ 同上：58.

⑧ 同上：87.

⑨ 马克思，恩格斯. 马克思恩格斯选集（第 3 卷）[M]. 北京：人民出版社，1972：574.

⑩ 马克思，恩格斯. 马克思恩格斯全集（第 34 卷）[M]. 北京：人民出版社，1979：163.

⑪ 马克思，恩格斯. 马克思恩格斯全集（第 46 卷上）[M]. 北京：人民出版社，1979：104.

⑫ 马克思，恩格斯. 马克思恩格斯选集（第 1 卷）[M]. 北京：人民出版社，1995：67-68.

次是文化和制度方面的因素。"我们的需要和享受是由社会产生的,因此,我们在衡量需要和享受时是以社会为尺度,而不是以满足它们的物品为尺度。因为我们的需要和享受具有社会性质,所以它们是相对的。"①这就是说,需要和享受受社会的影响,在一个社会、一种文化下视为享受的物品或者服务在另一个社会、另一种文化中则未必。"专制制度的唯一原则就是轻视人,使人不成其为人。"②这就是说,在专制制度下,多数人的尊重需要等无法得到满足。

8.3.2 人的需要及其满足是演化的

人的需要是演化的。由于人的需要是受物质条件、文化、制度的制约和影响。因此,当这些条件发生变化的时候,人的需要也会发生变化。"根据效用原则来评价人的一切行为、运动和关系等,就首先要研究人的一般本性,然后要研究在每个时代历史地发生了变化的人的本性。"③"饥饿总是饥饿,但是用刀叉吃熟食来解除的饥饿不同于用手、指甲和牙齿啃生肉来解除的饥饿。"④有意思的是,尽管熟食是人类演化中的一个重要事件,但是,近年来,生食蔬菜类的饮食习惯在欧美十分盛行,据说可以降低血脂、减肥。

8.3.3 人的需要的宏观演化方向

人的需要的高度发展要求人全面而自由地发展。"每个人的全面而自由的发展为基本原则的社会形式。"⑤"自由确实是人的本质",⑥是"理性的普遍阳光所赐予的自然礼物"。⑦而"自由的每一特定领域就是特定领域的自由。"⑧显而易见,马克思所说的"自由"是"自由王国"里的"自由",不是无政府主义的"自由"。

人的全面发展要求实现真正的共同体。首先,人的全面发展"不是自然的产物,而是历史的产物。要使这种个性成为可能,能力的发展就要达到一定的程度和全面性,这正是以建立在交换价值基础上的生产为前提的","产生出个人关系和个人能力的普遍性和全面性",⑨"个人的全面性不是想象的或设想的

---

① 马克思,恩格斯. 马克思恩格斯选集(第1卷)[M]. 北京:人民出版社,1995:350.

② 马克思,恩格斯. 马克思恩格斯全集(第3卷)[M]. 北京:人民出版社,1960:411.

③ 马克思,恩格斯. 马克思恩格斯全集(第23卷)[M]. 北京:人民出版社,1979:669.

④ 马克思,恩格斯. 马克思恩格斯选集(第2卷)[M]. 北京:人民出版社,1995:10.

⑤ 同上:239.

⑥ 马克思,恩格斯. 马克思恩格斯全集(第1卷)[M]. 北京:人民出版社,2002:167.

⑦ 同上:163.

⑧ 同上:190.

⑨ 马克思,恩格斯. 马克思恩格斯全集(第46卷上)[M]. 北京:人民出版社,1979:108.

全面性，而是他的现实关系和观念关系的全面性。"①其次，人在通往自由发展的道路上要经历 3 个大的阶段。一个是"人的依赖关系（起初完全是自然发生的），是最初的社会形态，在这种形态下，人的生产能力只是在狭窄的范围内和孤立的地点上发展着。以物的依赖性为基础的人的独立性，是第二大形态，在这种形态下，才形成普遍的社会物质变换、全面的关系、多方面的需求及全面的能力的体系。建立在个人全面发展和他们共同的社会生产能力成为他们的社会财富这一基础上的自由个性，是第三个阶段。第一个阶段为第三个阶段创造条件。"②最后，"在真正的共同体条件下，各个人在自己的联合中并通过这种联合获得自己的自由。"③马克思特别强调了"真正的共同体"，而非"冒充的、虚假的、虚幻的"共同体。④

8.4　人的需要及其满足的个体与社会的辩证关系

8.4.1　人的需要及其满足是以个体为基础的

人的需要是以个体为基础的。"人们总是通过每一个人追求他自己的、自觉预期的目的来创造他们的历史。"⑤"在任何情况下，个人总是'从自己出发的'。"⑥"个人总是并且也不可能不是从自己本身出发的。"⑦"肉体的个人是我们的'人'的真正的基础，真正的出发点。"⑧特别地，对于高度文明的社会来说，"每个人的自由发展是一切人的自由发展的条件。"⑨

要满足人更高、更丰富的需要，需要人的发展。"真正的财富就是所有个人的发达的生产力。"⑩"要多方面享受，他就必须有享受的能力。因此，他必须是具有高度文明的人。"⑪"人们的社会历史始终只是他们的个体发展的历史，而不管他们是否意识到这一点。"⑫

① 马克思，恩格斯. 马克思恩格斯全集（第46卷下）[M]. 北京：人民出版社，1979：36.

② 同上：104.

③ 马克思，恩格斯. 马克思恩格斯选集（第1卷）[M]. 北京：人民出版社，1995：119.

④ 同上：119.

⑤ 马克思，恩格斯. 马克思恩格斯选集（第4卷）[M]. 北京：人民出版社，1995：248.

⑥ 马克思，恩格斯. 马克思恩格斯全集（第3卷）[M]. 北京：人民出版社，1960：514.

⑦ 同上：274.

⑧ 马克思，恩格斯. 马克思恩格斯全集（第27卷）[M]. 北京：人民出版社，1960：13.

⑨ 马克思，恩格斯. 马克思恩格斯选集（第1卷）[M]. 北京：人民出版社，1995：294.

⑩ 马克思，恩格斯. 马克思恩格斯全集（第46卷下）[M]. 北京：人民出版社，1980：222.

⑪ 同上：392.

⑫ 马克思，恩格斯. 马克思恩格斯选集（第4卷）[M]. 北京：人民出版社，1995：532.

8.4.2　人的需要及其满足同时具有社会性

由于人的需要的满足需要人和其他人发生联系，因此，人的需要同时具有社会性。"由于他们的需要即他们的本性，以及他们求得满足的方式，把他们联系起来（两性关系、交换、分工）所以他们必然要发生相互关系。"[①]为了满足需要，人类必须进行生产，而"为了进行生产，人们相互之间便会发生一定的联系和关系；只有在这些社会联系和社会关系的范围内，才会有他们对自然界的影响，才会有生产。"[②]

社会联系是由人的需要和利己主义而生的。"人的本质是人的真正的社会联系，所以人在积极实现自己本质的过程中创造、生产人的社会联系、社会本质，而社会本质不是一种同单个人相对立的抽象的一般的力量，而是每一个单个人的本质，是他自己的活动，他自己的生活，他自己的享受，他自己的财富。因此，上面提到的真正的社会联系并不是由反思产生的，它是由于有了个人的需要和利己主义才出现的，也就是个人在积极实现其存在时的直接产物。有没有这种社会联系，是不以人为转移的。"[③]

人的需要是社会化的。"我们的需要和享受是由社会产生的，因此，我们在衡量需要和享受时是以社会为尺度，而不是以满足它们的物品为尺度的。因为我们的需要和享受具有社会性质，所以它们是相对的。"[④]

人的需要的满足涉及人与人之间的竞争。"人类的生产在一定的阶段上会达到这样的高度：不仅能够生产生活必需品，而且能够生产奢侈品，即使最初只为少数人生产。这样，生存斗争就变成为享受而斗争，而不再是单纯为生存资料而斗争。"[⑤]

8.4.3　人的需要及其满足中的个体需要与社会需要之间的辩证关系

一方面，个人的需要的满足离不开社会的进步、文明的昌盛、制度的变迁："人对自身的任何关系，只有通过人对他人的关系才得到实现和表现。"[⑥]另一方面，高度文明的社会是建立在个体需要及其满足高度发展的基础上的。"共产主义所造成的存在状况，正是这样一种现实基础，它使一切不依赖于个人而存在的状况不可能发生，因为这种状况只不过是各个人之间迄今为止的交往的

---

① 马克思，恩格斯. 马克思恩格斯全集（第3卷）[M]. 北京：人民出版社，1960：514.
② 马克思，恩格斯. 马克思恩格斯选集（第1卷）[M]. 北京：人民出版社，1995：344.
③ 马克思. 1844年经济学哲学手稿[M]. 北京：人民出版社，2000：170-171.
④ 马克思，恩格斯. 马克思恩格斯选集（第1卷）[M]. 北京：人民出版社，1995：350.
⑤ 马克思，恩格斯. 马克思恩格斯全集（第34卷）[M]. 北京：人民出版社，1979：163.
⑥ 马克思. 1844年经济学哲学手稿[M]. 北京：人民出版社，2000：59.

产物。"①"首先应当避免重新把'社会'当做抽象的东西同个体对立起来。个体是社会存在物。"②"以一定的方式进行生产活动的一定的个人，发生一定的社会关系和政治关系。"③"只有在共同体中，个人才能获得全面发展其才能的手段，也就是说，只有在共同体中才能有个人自由。"④"在真正的共同体的条件下，各个人在自己的联合中并通过这种联合获得自己的自由。"⑤

8.5　我国当前的核心需要已经从温饱变迁到安全感

8.5.1　马斯洛的五层次动机理论简介

如前所述，马斯洛从整体的视角提出了五层次动机理论。⑥即人的动机或需要分为五种从低到高的层次，分别是生理需要、安全需要、归属和爱的需要、尊重需要、自我实现需要。一般情况下，人在低层次的需要获得满足或基本满足时，才转向较高层次的需要。当情况发生变化导致较低层次的需要未获得满足时，人的需要或动机又转向较低层次的需要。

马斯洛的理论已经被普遍认可，并且成为现代管理科学的基石之一。

尽管马斯洛的理论是面向个体的，但是，由于社会是由个体组成的，因此，也可以使用马斯洛的理论来分析社会心理。

马斯洛的理论和马克思的需要理论有相似之处，包括需要是演化的和有层次的。因此，下面我们用马斯洛的理论对我国当代社会的核心需求做进一步分析。

8.5.2　当代中国公众的核心需要已不再是温饱

8.5.2.1　恩格尔系数呈现持续下降趋势

由图 8-1 可见，2001 年以来，我国城镇、农村居民家庭恩格尔系数呈现下降趋势。2009～2011 年，城镇居民家庭的恩格尔系数基本稳定在 0.36 左右，农村居民家庭的恩格尔系数基本稳定在 0.4 左右。比起 1980 年前后约 0.6 的值，恩格尔系数有了显著的下降。按联合国粮食及农业组织的标准，我国的恩格尔系数已经过了（0.4，0.5）的温饱期，进入小康阶段。

---

① 马克思, 恩格斯. 马克思恩格斯选集（第 1 卷）[M]. 北京, 人民出版社, 1995：122.
② 马克思. 1844 年经济学哲学手稿[M]. 北京：人民出版社, 2000：84.
③ 马克思, 恩格斯. 马克思恩格斯选集（第 1 卷）[M]. 北京, 人民出版社, 1995：71.
④ 同上：119.
⑤ 同上：119.
⑥ 马斯洛 A H. 动机与人格[M]. 许金声, 程朝翔译. 北京：华夏出版社, 1987.

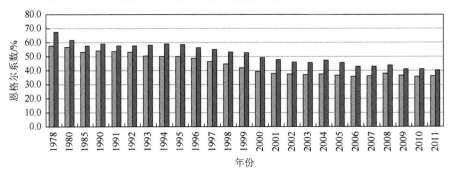

图 8-1　1978 年以来我国城镇、农村家庭恩格尔系数

数据来源：国家统计局网站

8.5.2.2　贫困人口呈现持续下降趋势

我国的扶贫工作也取得了持续进展。到 2011 年，国家将农村扶贫标准提高到年人均纯收入 2300 元（2010 年不变价）。按照新标准，2011 年年末，农村扶贫对象为 12238 万人，2012 年年末农村贫困人口为 9899 万人，比 2011 年年末减少 2339 万人（数据来源于国家统计局网站）。

综上所述，从社会心理的角度看，我国公众的核心需要已经不在温饱层面了。那么，当今中国，公众的核心需要集中在哪个层面呢？

8.5.3　社会问题集中体现在安全感领域

8.5.3.1　群体性事件主要集中在安全感领域

"我国自 1993 年到 2012 年间，群体性事件发生率逐年升高，规模日渐扩大。1993 年我国共发生社会群体性事件 0.87 万起，1994 年增加至 1 万多起，1999 年 3.3 万起，2003 年 5.8 万起，2004 年就已高达 7.5 万起，2005 年上升至 8.7 万起，2006 年到 2008 年，每年都超过 9 万起，2009 年比 1993 年增加了 10 倍，2010 年和 2011 年增加到 18 万起。"[1]

这些群体性事件大多数仍然属于人民内部矛盾。[2][3]由于在群体性事件的引发、扩大、群体化过程中，有很多复杂的因素加入，从而使得对过程的（社会）心理分析变得复杂。因此，本书仅仅从最初的需求入手分析。如表 8-1 所示，23 件典型事件中，有 19 起主要是因为安全需求未得到满足而产生的。

---

① 常锐. 群体性事件的网络舆情及其治理模式与机制研究[D]. 吉林大学博士学位论文，2012.

② 同上.

③ 郭纯平. 新世纪国内群体性事件研究[D]. 中国社会科学院研究生院博士学位论文，2011.

表8-1　近年来典型群体性事件的公众需求分析[①②]

事件名称	初始引由	公众最初需求或未被满足需求类型
2005 年 4 月浙江东阳画水镇群体性事件	建设化工企业	不安全感
2008 年西藏拉萨 "3·14" 打砸抢烧事件	—	非安全需求
2008 年贵州瓮安 "6·28" 打砸抢烧事件	17 岁女孩李树芬死亡	知情权（隐含的安全感）
2008 年云南孟连 "7·19" 警民暴力冲突事件	胶农与改制橡胶公司的利益冲突	被剥夺感*（隐含的不安全感）
2008 年广东三江镇 "10·8" 警民冲突事件	农民认为有人不当出售护坝的树木	不安全感、被剥夺感
2008 年河北 "10·19" 廊坊铁路征地事件	农民陈述征地补偿款未到位	被剥夺感（不安全感）
2008 年深圳宝安 11·7 对讲机砸人事件	查车过程引发的死亡纠纷	不安全感
2008 年甘肃陇南 "11·17" 大规模袭警事件	拆迁户集体上访	被剥夺感（不安全感）
2008 年湖北武汉 "11·18" 下岗职工上访事件	生活困难	不安全感
2009 年 6 月湖北石首事件	一厨师死亡	不信任感（隐含的不安全感）
2009 年新疆 "7·5" 打砸抢烧事件	—	非安全需求
2009 年 7 月通钢重组事件	通钢重组	知情权、被剥夺感（隐含的不安全感）
2010 年 1 月四川内江特警 "抢尸" 事件	车祸者被误诊死亡，最后死亡	不安全感
2010 年 4 月辽宁庄河千名村民 "下跪" 事件	村民反映龙王庙村村干部在填海工程和征地补偿中的问题	被剥夺感（隐含的不安全感）
2010 年 11 月云南昭通群体事件	农民希望能解决失地后的生活保障和长远生计问题	不安全感
2010 年 12 月浙江温州钱云会死亡案	钱云会死亡案与拆迁补偿争议交织	不安全感
2011 年 6 月广东增城群体事件	摆摊用户与村治保队队员发生冲突	不安全感、归属感等
2011 年 8 月大连 PX 项目 "群体聚集" 事件等	附近化工项目	不安全感
2011 年 10 月浙江织里群体事件	每台缝纫机的税费从 343 元涨到 620 元；地域认同	归属感等
2011 年 12 月广东乌坎事件	一些村民认为村委存在经济问题	被剥夺感（隐含的不安全感）
2012 年 7 月四川什邡群体事件	钼铜多金属资源深加工综合利用项目	不安全感
2012 年 7 月江苏启东群体事件	排污入海项目	不安全感
2013 年湖北钟祥集体围攻监考人员	外地监考老师十分严格[③]	扭曲的 "公平感"，对未来的焦虑感；缺乏科学理性

*被剥夺感，参见李强。[③]但是和李强 2004 年文章中描述的情况相比，绝对剥夺的情况变少，相对剥夺的情况增加

① 常锐. 群体性事件的网络舆情及其治理模式与机制研究[D]. 吉林大学博士学位论文，2012.

② 郭纯平. 新世纪国内群体性事件研究[D]. 中国社会科学院研究生院博士学位论文，2011.

③ 李强. 社会学的 "剥夺" 理论与我国农民工问题[J]. 学术界，2004，（4）：7-22.

8.5.3.2　社会问题集中体现在安全感方面

近年来公众十分关注的食品安全、住房、医疗卫生、养老与社会保障、司法公正、其他腐败、生态环境、资本外流等问题都密切地与安全感相联系。

食品安全问题自然直接涉及公众的安全心理。三聚氰胺、灌水肉、速生鸡、激素黄瓜、甲醛鱼、尿素豆芽、矿物粉豆腐等都无情地揪紧消费者的神经。在中国，一位理性的食物购买者不得不尽可能多地懂得甄别食品良莠的知识、经验。而在美国、日本的超市里，这些经验似乎派不上大用场。不过，就日本来说，在20世纪70年代前后，食品安全也是个社会问题，有句话能够很好地反映当时的情况——"农药腌菜的时代"。[①]经过多年的努力，通过追溯制或类似追溯制建立了消费者与生产者之间比较紧密的联系和良好的信任以后，日本的食品安全有了根本的改善。日本的食物安全变化史说明：第一，人口密度比较大的国家在经济快速发展过程中的食品安全问题可能是共性问题；第二，中国的食品安全问题是可能在发展中解决的。

住房则可能可以满足多种需求。对富裕阶层而言，住房可以满足安全感及以上多种需求；在一些沿海城市，还一度出现过300平方米以上大户型江景住宅热销的情况；可见，住房问题对富裕阶层来说无关安全感。但是，对于购买力比较低的阶层来说，住房是"安居乐业"的基础，所谓"安"，就有"安心"的意味，因此，也就是安全感问题。在房价不断高起的年代，丈母娘向女婿要房，正是图个安稳、安心。从改革开放三十多年来的住房观念变迁来看，生活条件在不断改善，所以对住房面积的要求在扩大。过去一家三口9平方米的住房条件更多的是满足生存需要，而现在的住房需要才与安全感密切相关。

医疗卫生同样直接涉及公众切身的安全需要。医患纠纷增加，正是在公众温饱需要满足之后，核心需要向安全需要转变的体现。在物质贫乏的年代，大病、疑难病患者只能听天由命。随着收入增加、医疗条件改善，公众对健康的期望不断提高，安全需要不断攀升，患者和医者之间发生剧烈矛盾的风险加大。

类似地，在反腐败、养老与社会保障、司法公正、生态环境、收入分配等方面越来越高的期望，以及资本外流等现实，同样也与安全感密切相关。

8.5.3.3　从三种生产四种关系的框架看上述社会问题

由表8-2可见，从人与自身的关系看，当前我国社会心理的核心需要在安全感层面。

---

① 来自于和早稻田大学教师的访谈。

表 8-2　从三种生产四种关系看主要社会问题的现象、症结或结果

项目	环境生产子系统	人的生产子系统	物资生产子系统	人与自身的关系	人与人的关系	人与物的关系（分析性地看待人与自然的关系）	人与天的关系（整体性地看待人与自然的关系）
环境类问题（以雾霾为例）	环境系统容量不足、承载力不足	人口×每人消费量过大	快速增长	原因：尊重需要、自我实现需要绿色化不足。后果：影响安全感	环境领域的不公平；囚徒困境	对雾霾形成、防治的科学研究不足	已经认识到这个问题，但是现有的制度短期内无法破解
拆迁类问题	城市化、工业化进程对一定区位的土地的大量需求	人口密度高，宜居土地、宜种土地基本被使用	物资生产子系统快速扩张	后果：传统邻里的归属感被破坏；相对剥夺带来的不安全感	制度实施时可能不公平	—	—
食品安全	环境生产子系统的人均食物产出不算丰裕	人口×每人消费量大	被扭曲	原因：对口味、价廉等的追求；自利而不顾他人利益。后果：不安全感	劣币驱逐良币；监管与违法的博弈；真正的共同体意识不足	有效监管的可得性不足	—
住房	人均土地面积少	人口基数大；婚龄人口多	能耗高	为满足安全感；形成的刚性需求降低了其实现可能	投资牟利；地方政府出售土地获得财政收入；寻租	土地利用规划考虑因素增加中	土地有限；不宜将土地及相关物品作为投资工具
医疗卫生	—	人口基数大；老龄化趋势	优质医疗资源紧缺	对安全感的要求提升	劣币驱逐良币；寻租；医患之间信任感低	科学理性尚需进一步提升	—
养老与社会保障	人均土地面积少	人口基数大；老龄化趋势		对安全感的要求提升	寻租；不公平	—	—
司法公正	—	—	—	对安全感的要求提升	寻租；不公平		
其他腐败	—	—	—	对安全感的要求提升	寻租；不公平		
资本外流	—	—	—	资本拥有者的不安全感；可能存在"原罪"	对公平的要求		
收入分配					对公平的要求；安全感		

8.6 注重满足安全需要是让公众有持续"中国梦""梦感"的 关键——"安心中国"

2012 年年底，习近平发表了关于中国梦的重要讲话，并指出："'中国梦'归根到底是人民的梦"；"实现中华民族伟大复兴的中国梦，就是要实现国家富强、民族振兴、人民幸福"；"中国梦是民族的梦，也是每个中国人的梦。"

从社会心理和三种生产四种关系框架的视角，以及我国公众核心需要变化的分析，可以推断，实现"中国梦"，让国人有持续"梦感"的关键是优先解决有关安全感的问题。这符合马斯洛关于需要的理论，符合我国的物质生产水平的条件，是顺势而为之举，有利于社会稳定和进步，容易收到事半功倍之效。

有鉴于此，可以考虑使用"安心中国"、"安全中国"、"平安中国"之类的提法；也可以把涉及安全感的各个领域分解，使用更具体的提法。无论怎么提，重在一个"安"字。

第九章 外国案例：基于四种关系的日本的节能实践的动机结构分析[①②③④]

导读：对本章感兴趣又缺乏时间通读前面章节的读者，在读完第一章或第四章后即可直接阅读本章。

9.1 概述

对于中国来说，日本是一个特殊的国家。两者之间有许多的历史交往，无论是愉快的还是痛苦的。本章暂且抛开历史的恩恩怨怨，尽量使用中性的、基于"拿来主义"的态度对日本的节能实践进行需要动机的分析。无他，只有"知己知彼"，才能真正地"拿来"，才能"百战不殆"。

使用三种生产四种关系框架分析国家尺度的案例需要相当的知识积累。作者恰巧曾经较长时间关注过日本文化（详见后记），所以以此为案例开展研究。

在发达国家和地区中，日本是能源消费水平最低的一个。2005年，按汇率计，其单位GDP的能耗水平是美国和欧盟的二分之一左右，是世界平均水平的三分之一左右。此外，日本的户均能源消费量也大大低于美国的水平，美国2002年的户均生活用能是239.652亿卡，而日本的相应值是111.55亿卡。[⑤]美国的数值比日本的高了115%。这些差异无疑让人吃惊。

相比于美国，中国和日本的相似之处有两个：人口密度高和压缩式发展。中

---

① 本章是博士论文的一章经略微修改而得。在2009年春季，曾经以本章主要内容请国务院发展研究中心资源与环境政策研究所的曹小奇所长和郭焦峰研究员指正。

② 本章的主要内容曾经请日本早稻田大学吉田德久教授指正。他基本认可本章的主要观点，同时作了两点补充：一是日本的通产省在制定产业政策时，通常会和企业或行业协会作比较密切的沟通，以保证制定的政策可以实施；二是，top runner制度不是要求所有企业限期达到行业最优者的水平，而是限期达到行业中足够好的水平；在制订top runner制度时，通产省和企业界作了充分的沟通，因此该制度实施得比较顺利。

③ 2012年12月，受早稻田大学的邀请，作者以本章的基本内容在日本早稻田人学作过公开演讲。没有听众提出尖锐的意见，听众中包括几位早稻田大学的教职人员。

④ 作者也注意到近年来我国的节能工作取得的令人瞩目的成绩，未来，在时间和条件许可的情况下将开展这方面的研究。

⑤《中国可持续能源实施"十一五"20%节能目标的途径与措施研究》课题组. 中国可持续能源实施"十一五"20%节能目标的途径与措施研究[M]. 北京：科学出版社，2007.

国是一个土地面积和美国相当，但是人口总数是美国四倍多的人口大国。而且，中国已经成为世界上最大的二氧化碳排放国。显而易见，在全球二氧化碳减排呼声日益高涨的世界环境（生态）政治氛围中，美国的能源消费模式并不适合中国。而日本的面积约为中国的4%，其人口约为1.3亿人，是中国的10%左右。因此，从人口密度的角度看，相对而言，日本的实践对中国具有更实用的借鉴意义。此外，就工业化的起始时间看，日本相对于美国是更迟起步的，其发展过程在时间上和中国类似，亦具有一定的压缩性；但是日本在节能方面却走在世界前列。就这两点来看，日本的节能实践对中国应该有重要的借鉴意义。

已经有一些关于日本节能经验的研究，但是这些研究多集中在技术和政策、法律层面。相关研究认为，日本的节能成功主要包括四大因素：产业结构的调整、节能对策、能源管理、技术进步。[①]除了这些因素以外，是否还有其他因素呢？例如，是否与日本文化中的马斯洛意义上的需要动机有关呢？我们尚未见到这方面的研究。实际上，一个国家或地区的宏观的文化表现中所包含的四种关系的结构影响了其制度的产生与执行。

9.2　基于四种关系的日本的能源消费分析的基础

一百多年前，小泉八云在描写19世纪日本年轻人中的精英的精神生活时，这样写道："西方生活的消耗无度，所给他的印象，比它的追欢取乐，不知苦在眼前，还要深刻：在他自己静萧萧的穷地上，他看见了力量；在伊不自私的节俭上，他看见了可以和西方竞争的唯一机会。外国文明已经教他明白了自己文明的价值和美丽，本来他是不明白的……"[②]在第一次石油危机之前，日本的单位GDP能耗就比当时的西方发达国家的低。[③]

本书认为，以四种关系的视角，可以从以下几个方面解释和说明日本的节能实践。

9.2.1　不安全感

意欲从人与自身的关系考察日本能源的消费动机结构，必须深入到文化层面。

---

① 吉田总夫. 见：赵国成. 日本产业节能政策刍议及对我国的启示[D]. 中国社会科学院研究生院数量经济与技术经济系硕士学位论文，2003.

② 小泉八云. 日本与日本人[M]. 落合贞三郎编. 胡山源译. 北京：九州出版社，2005：90.
如前所述，小泉八云（1850—1904）本是欧洲人. 40岁到日本，入日本籍，从妻姓小泉，取名八云. 是近代著名的日本通.

③ 2000年日本能源经济统计. 见：赵国成. 日本产业节能政策刍议及对我国的启示[D]. 中国社会科学院研究生院数量经济与技术经济系硕士学位论文，2003：11.

就马斯洛 5 个方面的需要而言，虽然当今日本的人均 GDP 已经跻身世界发达国家之前列，整体国力也很强；但是由于地理的、历史的、文化的原因，大多数日本人应该是比较缺乏安全感的，这体现在多个方面，有的文献称之为日本人的危机意识。[①]

"日本人似乎早已养成这样一种习性，隔一段时间就会有人出来喊'狼来了'，制造一个日本即将崩溃的神话，叫大家紧张一阵。耐人寻味的是，即使狼没有来，也无人责怪那个放羊孩，大家警惕心依然不减。过若干时间，又有人出来高喊'狼来了'，大家又是一阵亢奋。大概因为这个原因，在日本的书店里，永远都晃动着那些惊心触目的书籍：《日本危机》《日本面临挑战》《日本的悲剧》《日本即将崩溃》《日本向何处去》等。刚到东京时，第一次走进宽敞明亮的书店，看到图书广告上的那些惊心动魄的书名和黑色感叹号，再看看周围井然有序的布置和丰衣足食的人们，真使人如坠云里雾中。然而当你在日本待的时间长了，并对这个社会有了一定的了解，你就会明白，这些耸人听闻的神话确是空穴来风，是日本人一种特有的报警方式……"[②]

除了宣传方面以外，日本人的不安全感的培养与传承还广泛体现在教育、继承制度、企业经营、团体活动等方面。[③]因篇幅和主题限制，本书不展开讨论。

9.2.2　极致是美[④]

除了安全需要以外，还需要借用"极致是美"这一涉及自我实现的价值观来考察日本的节能成果。日本人常喜欢把一件事情推演到极致，以此为美，并从中获得自我实现需要的满足感。有时，其极致程度在不同文化的人看来，会带来极大的文化震惊（culture shock），甚至被以为是到了近乎病态的程度。

在日本历史上有不少关于剖腹自杀的记录，而且这些记录多是以赞美的笔触描写情节的。折射日本民族精神的名著《武士道》一书中描写了这样一个故事[⑤]：有两兄弟，左近和内记，为报杀父之仇，试图刺杀当时的幕府将军德川家康，未遂。德川家康要处死他们以及他们年仅 8 岁的弟弟，但是由于德川非常钦佩他们的勇气，便让他们一起以"荣誉"的方式去死。"当他们都坐在等待死亡的席位上时，左近转身对最小的弟弟说：'八鳞，你先来吧，因为我想确信你能毫无差错地切腹。'幼弟答道，他还没有看见过切腹，所以想先看哥哥做的样子，自己再模仿

---

① 贾蕙萱. 民族性与日本的经济、社会发展[J]. 日本学刊，1992，（6）：68-79.

② 李兆忠. 暧昧的日本人[M]. 广州：广东人民出版社，1998：104.

③ 贾蕙萱. 民族性与日本的经济、社会发展[J]. 日本学刊，1992，（6）：68-79.

④ "极致是美"的原则和近年来流行的"工匠精神"的提法并非完全一致。完美的"工匠精神"当然包括"极致是美"的原则，但是"极致是美"应该比"工匠精神"推广到社会生活的更多领域。

⑤ 新渡户稻造. 武士道[M]. 陈高华译. 北京：群言出版社，2006：119-120.

着做……'切得太深了，会向后倒。应该是身体向前倾，双膝跪好'……'如果刀尖停滞了，或气力松弛了，就必须鼓足勇气把刀拉回来。'八鳞看到两位哥哥的样子，在他们都咽气之后，便镇静地脱去上身衣服，照着左右两位哥哥所做的样子漂漂亮亮地完成了切腹。"

"面子就是耻感，公平地说，耻辱本是人类文明发展的产物……然而，具有讽刺意味的是，当这种耻感在一种特殊的文化背景里发展到了极端，当它和那种至高无上的、无条件的'忠'……联系到一起的时候，悖论就产生了……武士的残忍（包括对他自己）……便是最好的例子。"①

著名人类学家本尼迪克特在其名著《菊花与刀》中描述了她于第二次世界大战中观察到的一种奇怪的现象：在战争中顽强抵抗的日本军人，被俘之后一旦投降就可能会以无比的热忱、毫无保留地帮助胜利者工作，就像为他原来所在的军队工作一样："有些人要求处决自己时说：'如果你们的管理不允许这么做的话，那么我就会做一个模范战俘。'他们比模范战俘还要好。一些老兵和长期的极端国家主义者给我们标示出弹药库的位置，详细说明日军兵力的配置，为我军（指美军）写宣传品，同我军的轰炸机飞行员一起去指示出他们的军事目标。他们的生命好像揭开了新的一页，内容与原来那一页的完全不同，但他们却表现出同样的忠诚。当然，这样的描述并不适用于所有的战俘，有少数人是顽固不化的……一些警惕点的美军指挥官不敢接受日本人表面上的帮助，甚至一些战俘营根本没有利用日军战俘提供服务的打算。但在已经接受日军战俘帮助的战俘营中，最初的怀疑必须消除，慢慢取而代之的是对日本战俘的信任。战俘有如此 180 度的大转变是超乎美国人的预料的，这也与我们的信条迥然不同。但是日本人的行为准则好像是选定了一条道路就全力以赴，如果失败，他们就很自然地选择另一条道路。"②

从这个例子中我们可能还可以看到日本文化的一些其他特征，但是有一点是肯定的——极致是美。战俘或许想的是：既然干了，那就好好干吧，其他的就不要想了。类似的现象也发生在第二次世界大战后进驻日本的美军身上——他们受到了出乎想象的欢迎。

再如，日本的相扑是没有分级别的，只有体重的下限而没有上限。相扑选手为了赢得体重和身高上的优势大量进食、多睡觉、适度训练。膀大腰圆的相扑选手在日本很受尊重。至于相扑的饮食结构与生活方式是否有利于健康则不是那么受关注了。③

① 李兆忠. 暧昧的日本人[M]. 广州：广东人民出版社，1998：48.
② 本尼迪克特. 菊花与刀[M]. 黄学益译. 北京：中国社会科学出版社，2008：33-34.
③ 陈洪兵，金舒莺，刘颖. 日本相扑与力士[M]. 银川：宁夏人民出版社，2005.

9.2.3　集团意识

具有强烈的集团意识是日本人的重要特征之一。类似集团意识的提法比较多种，有人称之为集团主义精神、团伙精神，也有人认为上述的提法强调了个体的从属性，忽视甚至抹杀了个性的存在，因此建议称之为群体意识，或者群体·自我意识。本书对此不展开讨论，统一使用"集团意识"这个词来描述日本的内聚和对集团的依从心理。

"日本人非常注意维护集体，把自己的单位或公司看做与自己命运息息相关的东西。"①

"一个日本人即使属于好几个团体，但总是依靠着一个所谓完全受雇的集团，最重视同这个集团的关系。在这个完全受雇的集团里，存在着公私兼顾的关系。每个成员都强烈感觉到相互间有一种义务，因为一直保持着这种意识，要加入或脱离一个集团都是不容易的。"②

"这种集团意识——或者如乔治·洛奇所说的保持'共同体价值'，在许多国家里已经逐渐减弱了，只有日本一直维持到今天……日本人为了维持这种集团意识，正在付出相当大的努力，这个事实是不能忽视的。"③例如，每年新年（即公历的正月初一）前后，各种群体的忘年会、新年会纷至沓来。忘年会的主题是在欢快的聚餐中把过去一年里所有不愉快的纠结、烦恼、憋屈等抛诸脑后，大家以和睦的心态开始群体新的一年。

集团的负责人对其领导的集团认真负责，"在城镇、村庄、工厂等任何集团里，其负责人都对他的集团竭尽忠诚，努力工作，以不辜负该集团的成员的期望。"④日本比较流行的终身雇佣制与此不无关系。如果该集团出现了一定的问题，那么集团负责人要承担责任：公开道歉甚至辞职。在日本的媒体上经常可以看到这样的报道，如日本政府首相的频繁辞职。

集团的成员"大多不持有自己的独立见解，而是追随集团，与集团的代表见解力求一致，并将它作为自己的见解……而在日本，所谓'一致'，恐怕是指一人首倡，众人附和这一过程所产生的一致。"⑤

"为了集团的团结，却认为压制不同的意见也是难免的……日本的政治土壤，在容许那些对现有集团的做法感到不满的人们另行组织集团方面，具有充分的灵

①　杨潮光. 中日两国的文化和国民性的比较[J]. 对外经济贸易大学学报，1993，（3）：44-49.

②　埃兹拉·沃格尔（Ezra F. Vogel）. 日本名列第一：对美国的教训[M]. 谷英，张柯，丹柳译. 北京：世界知识出版社，1980：98.

③　同上：97-98.

④　同上：98.

⑤　同上：124.

活性。"①

"大人们虽有时不免对集团的压力感到厌倦，但也认识到克服利己思想关系到整体利益，因此，能尽量地按照集团的要求而行动。"②在日本文化中，也设置了释放集团带来的压力的通道，例如，公司里相近级别的同僚们下班后常常一起去喝酒聊天，宣泄对上级的不满往往是喝酒聊天的主题之一，不过没有人会去告密。

不合群的我行我素者在日本被当做异种人看待，有个专门的词称这种人为"my pace③"，这个词似乎英语中没有。"仅仅是因为某些方面的差异和特殊，就会招致周围人的歧视和欺凌，这与西方国家所倡导的个性化相去甚远。"④也许这样就可以理解：日本的中小学开家长会的时候，家长们讨论得最多的是自己的孩子是否与其他小孩合群，而不是成绩。⑤

日本的集团种类繁多，例如，区域集团、地方经济团体、同业公会、公会、连接地区和同业公会的全国性团体等。⑥除此之外，集团意识还体现国家层面上。明治维新以后，日本经济的起飞、第二次世界大战后日本经济的迅猛复苏和发展，以及第二次世界大战的动员与组织都与此精神气质不无相关。

集团意识与个体的需要实现并不完全矛盾。"虽说日本有极强的集团主义倾向，但个性主张，换句话说，即自我实现的想法并非不存在。不过，它不像个人主义那样，总是由个人的努力和责任去实现，而是通过集团来实现。"⑦"从国际的尺度来衡量，现代日本的大企业在组织上是非常成功的。它成功的原因并不是由于在日本民族中隐含着的那种神秘的集团忠诚心，而是因为这种组织给予个人以'归附观念'与自尊心，使个人觉悟到自己的前途只有靠企业的成功才能得到保障。"⑧

日本的集团意识有经济基础的支撑。在世界的发达国家中，日本的基尼系数较低，但是高于北欧等国家。2008年，日本的基尼系数为0.3211。⑨不过，北欧和日本有一个比较大的差别，北欧的失业者可以享受到较好的社会福利，而日本对失业者的社会救济则相对较弱，这可能是日本的基尼系数高于北欧的重要原因。

---

① 埃兹拉·沃格尔（Ezra F. Vogel）. 日本名列第一：对美国的教训[M]. 谷英，张柯，丹柳译. 北京：世界知识出版社，1980：127.

② 同上：98.

③ 来自侨居日本多年的友人林红女士提供的信息。

④ 苑崇利. 试析日本政治文化的思想根源[J]. 外交学院学报，2003，（2）：44-50.

⑤ 来自侨居日本多年的友人林红女士提供的信息。

⑥ 埃兹拉·沃格尔（Ezra F. Vogel）. 日本名列第一：对美国的教训[M]. 谷英，张柯，丹柳译. 北京：世界知识出版社，1980.

⑦ 间宏. 见：鲍刚. 论日本的"群体·自我模式"[J]. 日本学刊，1990，（6）：69-81.

⑧ 埃兹拉·沃格尔（Ezra F. Vogel）. 日本名列第一：对美国的教训[M]. 谷英，张柯，丹柳译. 北京：世界知识出版社，1980：154.

⑨ 世界银行. 基尼系数[EB/OL]. http：//data.worldbank.org.cn/indicator/SI.POV.GINI？locations=JP-KR&view=map. [2010-12-09].

总之，集团意识实际上是一定的社会文化及其中的大多数个体对人与人之间的组织方式的认识与认同。通过集团意识，日本的个体可以获得归属感、自尊，乃至自我实现的需要满足。而这反过来促进了集团和集团意识的发展。

9.2.4　小结

从人与自身的关系的角度看，日本人具有较强的不安全感。这也体现在环境和能源等领域。在 20 世纪 60 年代的公害事件以后，日本是世界上第一个在法律中取消"环境目标与经济目标相协调"条款的国家[①]，从而避免了经济目标和环境目标冲突时的可能托辞。除了对国内环境问题的担忧以外，日本还密切关注邻国，乃至世界的环境问题。早稻田大学原刚教授认为："我想说的是，在一般的日本人眼里，中国的环境问题也是日本国土安全的保卫问题。"[②]"日本在海外开设企业时，必须达到日本的环境规定要求。"[③]日本的能源自给率低，进口依存度高。20 世纪 70 年代的两次石油危机加深了日本对能源的不安全感。

对人与天关系的不安全感通过集团意识，亦即人与人的关系，再加上极致是美的原则，体现为每个个体的动机，最终传递到人与物的关系的处理上。在这个过程中，人的安全、归属、尊重、自我实现的需要都可以得到一定程度，甚至比较好的满足。这是日本节能实践获得较好效果的内在原因。示意图见图 9-1。

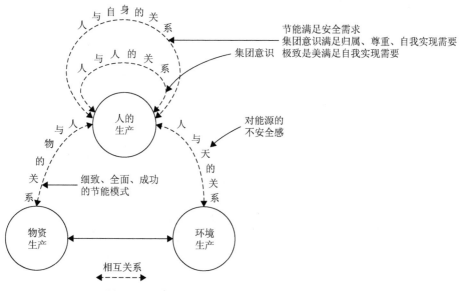

图 9-1　日本的"节能模式"中的四种关系示意图

---

① 杜群. 日本环境基本法的发展及我国对其的借鉴[J].比较法研究，2002，（04）：55-64.

② 原刚. 2005. 见：叶文虎. 可持续发展的新进展（第 1 卷）[M]. 北京：科学出版社，2007：5.

③ 同上.

在尽量客观地看到日本节能实践背后的优点的同时，我们也应该看到日本的另一面。"日本当前最需要的是重新懂得什么是'国际化'……日本人有必要把他们对日本一国的忠诚扩展到全球……有一部分日本人因为成功，有了新的地位，竟比先前更加自私自利，有时甚至盛气凌人，满以为日本可以举足轻重，殊不知这正是骄傲自满的人走上获罪于复仇女神的道路。"①五年以后，埃兹拉·沃格尔又写了一本以日本为主题的书，序言里说道："我曾在《日本名列第一》的序言里，明确忠告日本人不要骄傲。但十分遗憾的是，我的这一忠告却被某些日本人完全忽视了……在我访问过的国家里，我深深感到他们都对日本有一种强烈的不信任感。日本人态度傲慢，心里话和原则话区别使用，无论个人、团体还是国家都带有封闭性的色彩……如果有人认为日本不克服这些缺点而今后照旧在国际经济中获得成功的话，那就未免太乐观了。"②遗憾的是，这些话在今天看来似乎并没有完全过时。究其原因，也许还是与集团意识及与此相伴的强者崇拜相关。关于强者崇拜，在前面提及的本尼迪克特讨论的日军战俘倒戈相向以后的态度及战后美军受到的欢迎中都体现出来了。不过，由于这与本节的主题不是密切相关的，因此不展开讨论。此外，集团意识也容易导致多样性不足等缺点。

下面我们具体讨论日本的节能政策体系，限于篇幅和本论文的主题，有些细节仅举例说明。

9.3 "安全感+极致是美+集团意识"对节能的影响

9.3.1 背景

20世纪70年代全球爆发了两次石油危机：1973年爆发的第四次中东战争，使原油价格从每桶3.01美元提高到10.65美元，并持续三年之久，危机中美国的工业生产下降了14%，而日本下降了20%以上；1978年的两伊战争则导致全球石油产量从每天580万桶骤降到100万桶以下，油价开始暴涨，从战前的每桶13美元飙升至1980年年底的每桶32美元。③

石油危机以来，世界上许多国家纷纷开展节能研究与实践，包括美欧日在内的发达国家也不例外。时至今日，日本的节能实践取得了良好的效果。陈立欣在比较系统地研究了日本节能政策的基础上，认为"日本节能政策最重要的特点就

---

① 埃兹拉·沃格尔. 日本名列第一：对美国的教训[M]. 谷英，张柯，丹柳译. 北京：世界知识出版社，1980，日文版序：10.

② 埃兹拉·沃格尔. 日本的成功与美国的复兴：再论日本名列第一[M]. 韩铁英，黄晓勇，刘大洪译. 北京：生活·读书·新知三联书店，1985，序言：2.

③ 陈立欣. 日本节能政策与实施[D]. 东北师范大学硕士学位论文，2008.

是政府制定细致科学的政策积极引导，并不定期修订，保持政策与实施上的灵活性；产业界全力配合，诚信守纪，始终有能源紧迫感调整生产；学界科研经费来源广泛，对能源问题、节能技术高度重视，学风严谨，不断提高了日本的节能技术水平。"由此可见，从政府、企业到学界有关节能的行为之后的动机是符合"安全感+极致是美+集团意识" 3 个动机原则的。

下面从 6 个方面来谈日本节能的政策与实践，在这些政策与实践的背后，折射出 3 个原则下驱使的动机。

9.3.2 日本应对石油问题的主要政策结构

总的来看，日本应对石油问题的主要政策结构是比较完整的，具体包括以下五点：第一，分散石油进口地，尽量降低对中东这一政治敏感地区的依赖度。第二，加大国外石油资源的自主开发力度，利用日本的石油技术及资本，在国外开发石油，在国内进行石油储备。第三，加大石油外交力度，从日本自身的立场积极进行外交活动，密切日本同中东的关系，促进中东地区政治、经济的稳定。第四，促进石油替代能源的开发、使用，在国内开发或从国外进口石油以外的能源。第五，节约能源，防止能源的浪费，强力推行能源节约。[①]这五点中，前三点主要是针对石油供给而言的，偏重外交和石油的开发利用，外交主要是政府的职责，而石油的开发涉及的企业相对较少，因此，直接涉及面相对较小，这恐怕是这三点政策没有相应的法律、法规支持的主要原因。第四点是关于替代能源的。日本曾经提出使用电力、天然气和核能替代石油，由于各种原因并未成为节能的主要内容：把一次能源，尤其是石油转化为电力的过程由于存在能量损耗，因此很多时候并不经济；使用天然气作为热源则由于管道投资巨大，在 20 世纪五六十年代并未得到重视；核电的供应方相对较少，而核电的使用者则与其他电力使用者无异。因此，关于第四点的法律、法规、政策也相对较少。第五点是关于降低能源使用量的，涉及面广，包括所有用能的企业、家庭和政府机关，因此，日本政府制订了非常具体的实施计划及法律法规，[②]下面我们从《节能法》、财税制度、企业和学界的共同努力、公众参与等方面加以说明。

9.3.3 日本的《节能法》

以两次石油危机为契机，日本在 1979 年制定了《节能法》。并于 1993 年、1998年、2002 年、2005 年、2008 年共作了 5 次修订。从修订次数和时间来看，对该法律

---

① 矢岛正之. 2002. 见：赵国成. 日本产业节能政策刍议及对我国的启示[D]. 中国社会科学院研究生院数量经济与技术经济系硕士学位论文，2003.

② 赵国成. 日本产业节能政策刍议及对我国的启示[D]. 中国社会科学院研究生院数量经济与技术经济系硕士学位论文，2003.

的修订频率较高。这种做法使得该法律的适用对象逐步扩大、要求逐步严格的同时，能够较好地体现渐进性和可操作性精神。此外，该法的特色措施有能源管理员制度、财税制度、top runner 制度（又译为领跑者制度、冠军制度、最优方式）。①②③④

　　能源管理员制度主要是针对企业节能设立的，于 1979 年开始执行。该制度要求相关企业必须设立专职的能源管理员。所有的能源管理员必须经过培训并通过国家级的考试。考试每年组织一次，相当严格，如 2008 年有 1 万多人参加考试，2000 多人通过。⑤能源管理员全权负责所在工厂的日常能源管理，并制定企业的中、长期能源设备改善计划。

　　Top runner 制度是 1998 年开始执行的，主要针对家电产品和汽车的制造商，要求相关产品的节能标准在指定的时间内达到行业领先水平，对未达到要求的制造商采取劝告、公布、命令、罚款（100 万元以下）等措施。后来限制的对象有所增加，到 2006 年一共对 21 种产品运用此制度，包括轿车、货车、空调（室内空调）、电视机（含液晶电视、等离子电视）、录像机、荧光灯、复印机、电子计算机、磁盘存储器、电冰箱、冷冻机、小暖炉、煤气灶、热水器（燃料：煤气）、热水器（燃料：石油）、智能马桶、自动售货机、变压器、保温电饭锅、微波炉及DVD 播放器。⑥⑦这一制度取得了良好的成果，部分产品的节能成效参见表 9-1。

表 9-1　依据 top runner 制度取得的节能成效⑧

电器名称	能源消费效率的改善（实际成绩）/%	能源消费效率的改善（预测）/%
电视机（显像管电视）	25.7 （1997～2003 年）	16.4
录像机	73.6 （1997～2003 年）	58.7
空调（室内空调）	67.8 （1997～2004 年冷冻年度*）	66.1

---

　　① 日本经济产业省产业技术环境局局长铃木正德在中日节能环保政策研讨会的报告稿. 北京：国务院发展研究中心主办，2008.

　　② 如前所述，作者 2012 年在日本早稻田大学和吉田德久教授交流时，吉田教授表示 top runner 制度并不是设定最好的水平为 top runner 制度的标准，而是设定企业经过努力可以达到的标准为 top runner 制度的标准。所以冠军制度、最优方式的译法值得商榷。

　　③ 赵国成. 日本产业节能政策刍议及对我国的启示[D]. 中国社会科学院研究生院数量经济与技术经济系硕士学位论文，2003.

　　④ 陈立欣. 日本节能政策与实施[D]. 东北师范大学硕士学位论文，2008.

　　⑤ 日本经济产业省产业技术环境局局长铃木正德在中日节能环保政策研讨会的报告稿. 北京：国务院发展研究中心主办，2008.

　　⑥ 日本经济产业省网页[EB/OL]. http://www.eccj.or.jp/top_runner/img/32.pdf.[2009-2-16].

　　⑦ 杨书臣. 日本节能减排的特点、举措及存在的问题[J]. 日本学刊，2008，（1）：15-26.

　　⑧ 日本经济产业省网页[EB/OL]. http://www.eccj.or.jp/top_runner/img/32.pdf.[2009-2-16].

续表

电器名称	能源消费效率的改善（实际成绩）/%	能源消费效率的改善（预测）/%
电冰箱	55.2 （1998~2004 年）	30.5
冷冻机	29.6 （1998~2004 年）	22.9
汽油为燃料的客车	22.8 （1995~2005 年）	22.8 （1995~2010 年）
柴油为燃料的汽车	21.7 （1995~2005 年）	6.5
自动售货机	37.3 （2000~2005 年）	33.9
电子计算机	99.1 （1997~2005 年）	83.0
磁盘存储器	98.2 （1997~2005 年）	78.0
荧光灯	35.6 （1997~2005 年）	16.6

＊冷冻年度是空调企业的习惯用法，以区别于自然年度。一般指一年的 10 月 1 日到次年的 9 月 30 日

9.3.4　配套的财税制度

日本政府除了强制性措施以外，也制定了大量的、细致的财税制度，以鼓励企业采取节能措施，降低企业节能成本。这些制度包括《能源有效利用设备特别奖励制度》《能源对策促进税》《能源利用效率化等投资促进税》《能源基础高度化投资促进税》《经济社会能源基础强化投资促进税》《能源环境变化投资促进税》《能源供需结构改革投资促进税》《能源使用合理化事业促进税》等。

具体来说，主要的财税手段有：第一，节能技术研发设备的特别折旧制度和试验研究经费的特别抵扣制度。后者规定：以 2003 年 3 月 31 日为新税制事业年度期限，该年度试验研究费金额比过去五年中最高三年的平均额有所增加时，其增加部分的 15%可从法人税中抵扣，但抵扣额不得超过应缴法人税的 12%。有研究表明，每一元的抵扣，可诱发企业投入一元以上的节能经费。[①]第二，对一定的节能技术和设备进行税收优惠。税收的优惠对象更新比较快，能及时把新的节能设备和技术列入优惠清单，并把普及率高的设备从中删除。这一点充分体现了节能政策的灵活性和实时性，例如，最早的税收优惠措施是 1975 年制定的《能源有效利用设备特别奖励制度》，该制度免除了设置热交换器的企业第 1 年度内 1/3 税

---

① 日本内阁府编. 经济财政白皮书. 2002 年. 见：杨书臣. 日本节能减排的特点、举措及存在的问题[J]. 日本学刊，2008，（1）：15-26.

额。设立该制度的目的是为了提高中小企业工业锅炉的效率。1976 年，对这一制度进行了调整，优惠对象变更为太阳能利用装置等，免税率也降为 1/4。此后，每两年调整优惠对象，免税率也不断下降，在 1987 年降为 14%。在两年的周期中，还往往追加新的优惠对象。此外，在 1978 年修订的《投资促进税》中，为了促进民间设备投资和扩大内需，设立了期限为 1 年的临时措施：凡购买指定的防治公害和节能设备等，免除其交易额 10%的税额。[1]第三，政府金融机构对企业购置节能减排设施实施低息贷款，2005 年，日本政策投资银行就发放低息贷款 6 项，金额为 26.2 亿日元；中小企业金融公库发放 73 项，金额为 63.4 亿日元；国民生活金融公库发放 106 项，金额为 14.38 亿日元。[2]

"企业购置政府指定的节能设备，可在普通折旧的基础上，按购置费的 30%提取特别折旧。另外，对使用列入目录的 111 种节能设备实行特别折旧和税收减免优惠，减免的税收约占设备购置成本的 7%。"[3]赵国成在铃木、宫川研究的基础上，[4]推算出：比起不免税的情况，7%免税率使得资本成本大约降低了 12%～13%。这使得节能投资的边际收益与边际成本的交点沿着投资轴有较大幅度外移，有利于节能投资增加。说明该项税收政策对提高节能投资的效益十分有效。

9.3.5　企业和学界的其他努力

除了限制和鼓励的手段以外，日本社会还十分注重为企业提供节能服务。在《节能法》和相关的财税制度约束、支持、引导下，日本的企业和学界共同努力，形成了多种行之有效的、细致入微的节能推进方法，主要包括 SAVE（systematic approach for valuable energy）、ERP（energy cost reduction program）、TEMSYS（total energy management）和节能 MAP 等。[5]作者认为，这些方法的形成也都体现了前面的 3 个原则。以 ERP 方法为例，该方法是由日本能源效率协会于 1975 年开始推出的。现在共包括 ERP-10，ERP-20 和 ERP-30 三个层次。ERP-10 主要是帮助 20 世纪 70 年代建成的日本企业达成 10%的节能目标。ERP-20 和 ERP-30 则是为帮助 20 世纪 80 年代后建设的新工厂提出的节能推进方法，节能目标分别是 20%

① 赵国成. 日本产业节能政策刍议及对我国的启示[D]. 中国社会科学院研究生院数量经济与技术经济系硕士学位论文，2003：31.
② 日本环境省. 环境·循环型社会白皮书. 2007 年. 见：杨书臣. 日本节能减排的特点、举措及存在的问题[J]. 日本学刊，2008，（1）：15-26.
③ 陈立欣. 日本节能政策与实施[D]. 东北师范大学硕士学位论文，2008：13.
④ 赵国成. 日本产业节能政策刍议及对我国的启示[D]. 中国社会科学院研究生院数量经济与技术经济系硕士学位论文，2003：32.
⑤ 同上：21.

和30%。ERP系列推进方法一般分为实际调查阶段、主题提出阶段、改善方案阶段、计划实施阶段。各阶段采取不同步骤，各步骤又分为几个作业，而各作业的分析方法、分析程序均要书面化，在实行时，按步骤顺次推进。以ERP-20为例，该推进方法的第一阶段为实际调查阶段，明确产品成本中能源消费所占比率及能源消费形态，预测生产成本的变化情况。第二阶段为主题提出阶段，该阶段一般有6个步骤：第一步是把握能源的消费类型，主要任务是分析机械的运转状况和工作特性。第二步是在第一步基础上明确能源消费结构，并识别节能的决定因素，如动力系统、照明系统各占能源消费的比率，产品的理论能源需要量、设备能耗损失、管理损失及节能的改善方向等。第三步是在第一步基础上，作出能源消费图和设备功能系统图，通过这些图分析并确定有改善可能的最小设备单位。第四步是在第三步基础上，通过特殊因素分析、机械结构及机械性能条件分析，进一步明确能源消费结构。第五步是在第二步基础上将企业所消费的能源定量化，并与理论所需能源量做对比，明确差距，并找出浪费对象。第六步是在第四、五步基础上提出节能主题。第三阶段是改善方案阶段，根据现有的技术、经济条件等，对各方案进行分析，推出方案的预期效果。第四阶段是计划实施阶段。①

9.3.6　公众参与

政府采取了一些措施鼓励公众参与节能，例如，日本环境省在2007年开始推进"环保家庭"和"我家的环境大臣"活动。愿意参加该活动的家庭（称为"环保家庭"）和它的代表（称为"我家的环境大臣"）或者团体可以在下列网页上注册：http://www.eco-family.go.jp/index.html。由日本环境大臣颁发任命证书给"我家的环境大臣"。"我家的环境大臣"作为"环保家庭"的领导，带领家庭成员作对环境保护有益的行为。截至2009年2月，注册的家庭已超过75 000家。注册登录后进入参与型项目，累积EF点数。根据点数可以获得环保生活印章、专用画面更新，并可以确认自己的家庭在全国排名第几位。"我家的环境大臣"活动主要有三大内容。

第一，让我们体验环保生活（Let's try eco-life）。检查记录是否做到环保，与全国的环保家庭交换想法等，是参与型项目。①环保挑战。每天提供一个主题。这些主题都是很容易做到的，如"提前15分钟关暖气""锅里的油污擦了再洗"等。通过花一点点时间做这些小事，来考虑对自然及地球环保的益处。把每天做的事情和注意到的事情记录下来，像写简单的日记一样。②环保活动。每年几次

---

① 赵国成. 日本产业节能政策刍议及对我国的启示[D]. 中国社会科学院研究生院数量经济与技术经济系硕士学位论文，2003：21-22.

设定目标，让全国的"环保家庭"一起向同一个目标努力，对实现的结果进行统计。③环保生活建议角。这是全国的"环保家庭"进行情报交换和交流的场所。注册登录后，不仅能看到其他家庭的建议，还可以提交自己家的想法，并对其他家庭的建议进行投票。④环境家用账本是家庭检查能源使用量的项目。把每个月的水、电、管道煤气、罐装煤气、汽油、灯油的使用量及费用输入到系统中，它能够自动计算出"这个月我家能源使用量"和由此带来的"二氧化碳排出量"；还可以把计算结果与"环保家庭"的平均值进行比较。在日常生活中，只要略下工夫，就能做到有益于环境的"环保生活"。家庭成员先对打算实践怎样的环保生活展开讨论，制定目标。然后按月输入，再根据显示的结果比较与"环保家庭"的平均值的不同；对比上个月的数值，总结这个月生活中的变化；对比去年的数值，总结今年的环境保护生活的成果。而后，家庭成员对目标的达成程度进行讨论，并制定新的目标。

第二，环保生活杂志。主要是介绍一些有助于快乐的环保生活的情报，例如，介绍简便易行的"环保节能料理方法"，介绍为环境着想的商品"这也是环保节能产品"，以环保为主题的专栏，环保博士为小朋友解答有关环境方面的疑问，网页上能收看到活跃在电视中的演艺界人士发出的环保生活信息等，例如，eco-style coordinator 三神彩子介绍她的环保节能故事（她有一个题为 eco style 的网页 http：//blog.tokyo-gas.co.jp/eco/）；还能看到作为团体注册的花王、日立、佳能、东芝等公司的环保活动。

第三，环保家庭双陆。①这是一种家庭成员一起享用的电子版双陆游戏。每一格中都隐含了为减少二氧化碳排放量而进行的环保生活的提示，家庭成员一起讨论，从能做到的事开始行动。②

2008 年，日本环境省在几个地方试点推荐 eco-action-point 系统，在一些报纸和杂志上有介绍。2009 年，开始向全国推广该系统。其实施背景是，企业等在减少 CO_2 方面积极努力，而相对来说，家庭方面的进展比较缓慢。针对这一现状，利用日本人有积累点数的习惯（每家都有各种各样的商店积分卡），推行了积分鼓励措施：凡是购买或利用节能商品、服务及节能行为者都可获得 EAP 的点数，累积的点数与各种促销计分卡可以用来交换商品或服务。③

从 2005 年开始，日本政府开始推行"清凉办公"（cool biz），将办公室的温度设定在 28℃，鼓励办公场所的人员在夏季穿着更符合夏季特点的服装，而非西

---

① 飞行棋游戏。游戏参与方投掷骰子，根据骰子点数走相应的步数。看谁先到达目标，先到达者胜。有兴趣者可以自行参看：http：//www.eco-family.go.jp/sugoroku/，点击"スタート"就开始了。

② 日本政府环境省网页[EB/OL]. http：//www.eco-family.go.jp/index.html. [2009-2-16].

③ 日本政府环境省网页[EB/OL]. http：//www.eco-action-point.go.jp/plaza/plaza_05.html. [2009-2-16].

装革履，这导致体感温度下降了 2℃。①②

日本的一些企业，尤其是大中型企业也把节能及节能宣传作为企业的社会责任（CSR），给环保非政府组织（NGO）提供资助、开展环境活动等，例如，东京海上日动火灾保险株式会社为北京大学与早稻田大学的合作课程《可持续发展的新进展》提供了三年的资助，起到了显著的效果。

日本的环境非营利组织（NPO，非营利组织通常又是非政府组织，因此，NGO和 NPO 两个词常被混用）在节能方面也起了推动作用。1998 年施行 NPO 法（非营利团体）以来，日本的 NPO 数量急剧上升，截至 2008 年 6 月 30 日，日本的环境 NPO 已经有 9884 个。环境 NGO 在把节能从"意识很高的少数人的封闭性活动"向"广泛的社会性活动"转化中起了很好的作用。"蜡烛之夜"是其中一个有特色的活动，该活动呼吁公众在每年的冬至和夏至，不用电而用蜡烛两个小时，并反思。据估计，2008 年已经有 800 万人参加了这项活动。环境 NGO 受到了企业的赞助，例如，NGO Japan for Sustainability 的代表宣称每年有 80 多家公司为其提供赞助。③

9.3.7 其他方面

使用能源的 3 个主要领域分别是产业、交通运输、家庭用能。

产业领域的节能主要体现为政府、企业和学界共同努力，具体如前所述。

在交通运输领域方面，除了前及的 top runner 制度中涉及的对轿车和货车的能耗限制以外，日本在智能交通体系的研发上也取得了一定进展，相当程度上解决了道路堵塞、交通事故、环境恶化等道路交通问题。④日本把发展城市公共交通作为基本国策，以推进交通运输部门的节能减排。⑤

就家庭用能领域来说，前面已经说明了 top runner 制度中涉及的对象大都是家用电器，并讨论了节能效果。此外，日本注意提高住宅节能性能，包括新建住宅和已建住宅。并对改建自有住宅以提高其节能效果的居民采取如下减税措施：

---

① 日本政府环境省网页[EB/OL]. http://www.team-6.jp/english/coolbiz.html.[2009-2-16].

② 英文原文是：Data shows that apparent temperature decreases by 2 degrees C as a result of "COOL BIZ"。日文原文是指体感温度。这里按日文原文翻译。关于体感温度，可以查看网页：http://zhidao.baidu.com/question/32702702.html.

③ NGO Japan for Sustainability 代表枝广淳子女士在中日节能环保政策研讨会的演讲稿. 北京：国务院发展研究中心主办，2008.

NPO 是非营利团体的缩写。由于 NPO 多是非政府组织，所以在演讲中两者混用了。

④ 日本文部科学省编. 科学技术白皮书. 见：杨书臣. 日本节能减排的特点、举措及存在的问题[J]. 日本学刊，2008，（1）：15-26.

⑤ 日本环境省. 环境白皮书. 2006 年. 见：杨书臣. 日本节能减排的特点、举措及存在的问题[J]. 日本学刊，2008，（1）：15-26.

"对借入住宅贷款并进行包含特定节能改建工程的增减改建工程的人,把其住宅贷款余额的一定比例从 5 年所得税额中进行税额扣除。从改建工程结束的次年度部分的该住宅所涉及的固定资产税的金额中减去 1/3（2 年的措施)。"①日本政府企业等还积极推行家庭能源经济管理体系,如前面提及的"我家的环境大臣"就是该体系的活动之一。

9.3.8 小结

在这些制度中,我们处处可以看到"极致是美"的影子。从整个应对石油问题的政策结构,到节能的三大领域——产业、交通和家庭,都考虑得相当周密。其中的单项制度也是如此,以 top runner 制度为例,这是一个国家层面的制度,制定得足够细致、更新又比较频繁,不能不说有"极致是美"的动机在支持。

这些制度制订出来后,产业界、学界、公众团体等能团结协作,执行得认真,执行效果好,在这里,我们又可以看到"集团意识"的影子。

此外,如前所述,日本应对石油问题及节能实践都是基于对能源的不安全感的。

所以,总的来说,从三种生产四种关系的视角看,日本的节能实践之后的动机结构,或者说激励结构,是基于"安全感+极致是美+集团意识"3 个原则的。

9.4 日本的节能实践对中国的借鉴意义

作者认为,日本的节能实践涉及经济发展与生态环境保护的诸多方面,是社会、经济、自然共同演化的结果,是在一定制度支撑与文化基础上获得的结果。因此,借鉴使用日本的实践经验需要结合我国的实际。

日本的节能实践对中国的借鉴意义应该可以体现在以下几个方面。

（1）加强与日本在节能及相关的环境生态保护领域的合作,鼓励各部门加快派遣赴日留学人员,加快中日著名大学和研究机构之间的合作,加快培养了解日本科技与文化的人才。这一方面有利于尽快提高我国的节能服务水平,变以限制与鼓励为主的节能手段为限制、服务、鼓励相结合。另一方面,创建和发展生态文明的中国模式、中国道路需要加快培养懂得中国文明之精髓所在,又能汲取各国文明,包括日本文明中积极因素的人才。我们不仅要从科学技术上、制度上学习日本在节能领域的先进经验,而且可以从文化的角度对日本的节能成果加以研究,这样才能更好地实现"拿来"的目的。

---

① 来源于日本政府经济产业省产业技术环境局局长铃木正德先生在中日节能环保政策研讨会上的演讲材料.北京：国务院发展研究中心主办,2008.

（2）及时调整，保持节能法律的适用性。我国于 1997 年 11 月 1 日通过《中华人民共和国节约能源法》（以下简称《中国节能法》），并于 2007 年 10 月加以修订。修订后的《中国节能法》有了三处比较大的改动，包括重点单位节能、政府节能及节能的激励措施 3 个方面。该法实施以后，取得了良好的效果。可以持续修订该法律或相关下位法规规章，保证其适用性和可操作性。

（3）建议尽快开展国家层面的节能管理员水平考试。从日本的经验来看，高水平的节能管理员联系着学界和企业界，有利于降低企业的节能成本，把节能工作落到实处。《中国节能法》第五十五条虽然也要求重点用能单位[①]设置能源管理岗位，但是对该岗位任职人员的水平没有一个相对客观的度量标准，影响了该项制度的效果。建议尽快开展国家层面的节能管理员水平考试，确保节能工作的效果，降低节能效果的成本。实际上，上海就组织了耗能设备操作等岗位人员的培训及闭卷考试。[②]

（4）在安全感层面上，进一步加大宣传力度，培养公民的能源危机意识和节能意识。建议把我国能源的实际状况、节能意识、节能方法等内容比较系统地写入中小学教材中。"从娃娃抓起"，从小树立节能意识，掌握节能方法。

（5）保持财税鼓励的稳定性有利于提高企业节能的积极性。我国虽然有对节能的财税支持政策，但是缺乏稳定性。日本虽然每两年就调整给予财税优惠的节能设备名单，但是减免的税收约占设备购置成本的 7%这一点没有变化。

---

① 《中国节能法》第五十二条规定下列用能单位为重点用能单位：年综合能源消费总量一万吨标准煤以上的用能单位；国务院有关部门或者省（自治区、直辖市）人民政府管理节能工作的部门指定的年综合能源消费总量五千吨以上不满一万吨标准煤的用能单位。

② 上海市节能监察中心. 贯彻落实节能法开展能源管理岗位培训[J]. 上海节能，2008，（6）：44.

附录 I 中国古代穷人与富人人口自然增长率的差异对基尼系数的影响模型

I.1 公式推演

假设初始年份富人的人均收入为 i_r，穷人的人均收入为 i_p，$i_p < i_r$；在农业社会，假设第 n 年人均收入不变；初始年份穷人的财富占比为 b_0，第 n 年为 b_n。假设初始年份，富人的人口为 $P_{r,0}$，穷人的人口为 $P_{p,0}$；富人人口自然增长率为 r_r，穷人人口自然增长率为 r_p，$r_r > r_p$；第 n 年，富人的人口为 $P_{r,n}$，穷人的人口为 $P_{p,n}$；初始年份穷人的人口占比为 a_0，第 n 年的人口占比为 a_n。初始年份（第 0 年）基尼系数为 G_0，第 n 年的基尼系数为 G_n。

则

$$a_0 = \frac{P_{p,0}}{P_{r,0} + P_{p,0}}$$

$$b_0 = \frac{i_p P_{p,0}}{i_r P_{r,0} + i_p P_{p,0}} = \frac{P_{p,0}}{\frac{i_r}{i_p} P_{r,0} + P_{p,0}}$$

$\because i_r > i_p$，$\therefore a_0 > b_0$

由图 I-1 和基尼系数的定义可知：

$$
\begin{aligned}
G_0 &= \frac{\frac{1}{2} - \left[(1-a_0) \cdot b_0 + \frac{1}{2} a_0 b_0 + \frac{1}{2}(1-a_0)(1-b_0) \right]}{\frac{1}{2}} \\
&= 1 - \left[2(1-a_0) \cdot b_0 + a_0 b_0 + (1-a_0)(1-b_0) \right] \\
&= 1 - (2b_0 - 2a_0 b_0 + a_0 b_0 + 1 - b_0 - a_0 + a_0 b_0) \\
&= 1 - (2b_0 + 1 - b_0 - a_0) \\
&= 1 - (b_0 + 1 - a_0) \\
&= 1 - b_0 - 1 + a_0 \\
&= a_0 - b_0
\end{aligned}
$$

同理，$G_n = a_n - b_n$

其中，

$$a_n = \frac{P_{p,0}(1+r_p)^n}{P_{p,0}(1+r_p)^n + P_{r,0}(1+r_r)^n}$$

$$\frac{\mathrm{d}a_n}{\mathrm{d}n} = \frac{P_{p,0}(1+r_p)^n \ln(1+r_p)[P_{p,0}(1+r_p)^n + P_{r,0}(1+r_r)^n]}{[P_{p,0}(1+r_p)^n + P_{r,0}(1+r_r)^n]^2}$$

$$- \frac{P_{p,0}(1+r_p)^n \left[P_{p,0}(1+r_p)^n \ln(1+r_p) + P_{r,0}(1+r_r)^n \ln(1+r_r)\right]}{\left[P_{p,0}(1+r_p)^n + P_{r,0}(1+r_r)^n\right]^2}$$

$$= \frac{P_{p,0}^{\,2}(1+r_p)^{2n}\ln(1+r_p) + P_{p,0}(1+r_p)^n \ln(1+r_p) \cdot P_{r,0}(1+r_r)^n}{\left[P_{p,0}(1+r_p)^n + P_{r,0}(1+r_r)^n\right]^2}$$

$$- \frac{P_{p,0}^{\,2}(1+r_p)^{2n}\ln(1+r_p) + P_{p,0} \cdot P_{r,0}(1+r_p)^n (1+r_r)^n \ln(1+r_r)}{\left[P_{p,0}(1+r_p)^n + P_{r,0}(1+r_r)^n\right]^2}$$

$$= \frac{P_{p,0} \cdot P_{r,0}(1+r_p)^n (1+r_r)^n \left[\ln(1+r_p) - \ln(1+r_r)\right]}{\left[P_{p,0}(1+r_p)^n + P_{r,0}(1+r_r)^n\right]^2}$$

令 $P_{p,0}(1+r_p)^n + P_{r,0}(1+r_r)^n$ 为 X，

令 $P_{p,0} \cdot P_{r,0}(1+r_p)^n (1+r_r)^n \ln\left(\dfrac{1+r_p}{1+r_r}\right)$ 为 Z，

则 $\dfrac{\mathrm{d}a_n}{\mathrm{d}n} = \dfrac{P_{p,0} \cdot P_{r,0}(1+r_p)^n (1+r_r)^n [\ln(1+r_p) - \ln(1+r_r)]}{X^2}$

又，

$$b_n = \frac{P_{p,0}(1+r_p)^n}{\dfrac{i_r}{i_p} P_{r,0}(1+r_r)^n + P_{p,0}(1+r_p)^n}$$

$$\frac{\mathrm{d}b_n}{\mathrm{d}n} = \frac{P_{p,0}(1+r_p)^n \ln(1+r_p)\left[\dfrac{i_r}{i_p} P_{r,0}(1+r_r)^n + P_{p,0}(1+r_p)^n\right]}{\left[\dfrac{i_r}{i_p} P_{r,0}(1+r_r)^n + P_{p,0}(1+r_p)^n\right]^2}$$

$$- \frac{P_{p,0}(1+r_p)^n \left[\dfrac{i_r}{i_p} P_{r,0}(1+r_r)^n \ln(1+r_r) + P_{p,0}(1+r_p)^n \ln(1+r_p)\right]}{\left[\dfrac{i_r}{i_p} P_{r,0}(1+r_r)^n + P_{p,0}(1+r_p)^n\right]^2}$$

$$= \frac{P_{\mathrm{p,0}}(1+r_{\mathrm{p}})^n \ln(1+r_{\mathrm{p}}) \cdot \dfrac{i_{\mathrm{r}}}{i_{\mathrm{p}}} P_{\mathrm{r,0}}(1+r_{\mathrm{r}})^n + P_{\mathrm{p,0}}^{\,2}(1+r_{\mathrm{p}})^{2n} \ln(1+r_{\mathrm{p}})}{\left[\dfrac{i_{\mathrm{r}}}{i_{\mathrm{p}}} P_{\mathrm{r,0}}(1+r_{\mathrm{r}})^n + P_{\mathrm{p,0}}(1+r_{\mathrm{p}})^n\right]^2}$$

$$- \frac{\dfrac{i_{\mathrm{r}}}{i_{\mathrm{p}}} P_{\mathrm{p,0}}(1+r_{\mathrm{p}})^n \cdot P_{\mathrm{r,0}}(1+r_{\mathrm{r}})^n \ln(1+r_{\mathrm{r}}) + P_{\mathrm{p,0}}^{\,2}(1+r_{\mathrm{p}})^{2n} \ln(1+r_{\mathrm{p}})}{\left[\dfrac{i_{\mathrm{r}}}{i_{\mathrm{p}}} P_{\mathrm{r,0}}(1+r_{\mathrm{r}})^n + P_{\mathrm{p,0}}(1+r_{\mathrm{p}})^n\right]^2}$$

$$= \frac{\dfrac{i_{\mathrm{r}}}{i_{\mathrm{p}}} P_{\mathrm{p,0}} \cdot P_{\mathrm{r,0}}(1+r_{\mathrm{p}})^n \cdot (1+r_{\mathrm{r}})^n \ln\left(\dfrac{1+r_{\mathrm{p}}}{1+r_{\mathrm{r}}}\right)}{\left[\dfrac{i_{\mathrm{r}}}{i_{\mathrm{p}}} P_{\mathrm{r,0}}(1+r_{\mathrm{r}})^n + P_{\mathrm{p,0}}(1+r_{\mathrm{p}})^n\right]^2}$$

将 $\dfrac{i_{\mathrm{r}}}{i_{\mathrm{p}}} P_{\mathrm{r,0}}(1+r_{\mathrm{r}})^n + P_{\mathrm{p,0}}(1+r_{\mathrm{p}})^n$ 设为 Y, 则 $\dfrac{\mathrm{d}b_n}{\mathrm{d}n} = \dfrac{\dfrac{i_{\mathrm{r}}}{i_{\mathrm{p}}} Z}{Y^2}$

$$\therefore \frac{\mathrm{d}G_n}{\mathrm{d}n} = \frac{\mathrm{d}a_n - \mathrm{d}b_n}{\mathrm{d}n}$$

$$= \frac{Z}{\left[P_{\mathrm{p,0}}(1+r_{\mathrm{p}})^n + P_{\mathrm{r,0}}(1+r_{\mathrm{r}})^n\right]^2} - \frac{\dfrac{i_{\mathrm{r}}}{i_{\mathrm{p}}} Z}{\left[\dfrac{i_{\mathrm{r}}}{i_{\mathrm{p}}} P_{\mathrm{r,0}}(1+r_{\mathrm{r}})^n + P_{\mathrm{p,0}}(1+r_{\mathrm{p}})^n\right]^2}$$

$$= \frac{\left[\dfrac{i_{\mathrm{r}}}{i_{\mathrm{p}}} P_{\mathrm{r,0}}(1+r_{\mathrm{r}})^n + P_{\mathrm{p,0}}(1+r_{\mathrm{p}})^n\right]^2 - \dfrac{i_{\mathrm{r}}}{i_{\mathrm{p}}}\left[P_{\mathrm{p,0}}(1+r_{\mathrm{p}})^n + P_{\mathrm{r,0}}(1+r_{\mathrm{r}})^n\right]^2}{X^2 Y^2} \cdot Z$$

$$= \frac{\dfrac{i_{\mathrm{r}}^2}{i_{\mathrm{p}}^2} \cdot P_{\mathrm{r,0}}^2(1+r_{\mathrm{r}})^{2n} + P_{\mathrm{p,0}}^2(1+r_{\mathrm{p}})^{2n} + 2 \cdot \dfrac{i_{\mathrm{r}}}{i_{\mathrm{p}}} P_{\mathrm{r,0}}(1+r_{\mathrm{r}})^n \cdot P_{\mathrm{p,0}}(1+r_{\mathrm{p}})^n}{X^2 Y^2} \cdot Z$$

$$- \frac{\dfrac{i_{\mathrm{r}}}{i_{\mathrm{p}}} \cdot P_{\mathrm{r,0}}^2(1+r_{\mathrm{r}})^{2n} + 2 \cdot \dfrac{i_{\mathrm{r}}}{i_{\mathrm{p}}} \cdot P_{\mathrm{p,0}}(1+r_{\mathrm{p}})^n \cdot P_{\mathrm{r,0}}(1+r_{\mathrm{r}})^n + \dfrac{i_{\mathrm{r}}}{i_{\mathrm{p}}} p_{\mathrm{p,0}}^2(1+r_{\mathrm{p}})^{2n}}{X^2 Y^2} \cdot Z$$

$$= \frac{\left(\dfrac{i_{\mathrm{r}}^2}{i_{\mathrm{p}}^2} - \dfrac{i_{\mathrm{r}}}{i_{\mathrm{p}}}\right) P_{\mathrm{r,0}}^2(1+r_{\mathrm{r}})^{2n} - \left(\dfrac{i_{\mathrm{r}}}{i_{\mathrm{p}}} - 1\right) \cdot P_{\mathrm{p,0}}^2(1+r_{\mathrm{p}})^{2n}}{X^2 Y^2} \cdot Z$$

$$= \frac{\frac{i_r}{i_p}\left(\frac{i_r}{i_p}-1\right) \cdot P_{r,0}{}^2 (1+r_r)^{2n} - \left(\frac{i_r}{i_p}-1\right) \cdot P_{p,0}^2 (1+r_p)^{2n}}{X^2 Y^2} \cdot Z$$

$$= \frac{Z\left(\frac{i_r}{i_p}-1\right)}{X^2 Y^2} \cdot \left[\frac{i_r}{i_p} \cdot P_{r,0}^2 (1+r_r)^{2n} - P_{p,0}^2 (1+r_p)^{2n}\right]$$

把 Z 代回上式，则

$$\frac{\mathrm{d}G_n}{\mathrm{d}n} = \frac{\left(\frac{i_r}{i_p}-1\right)}{X^2 Y^2} \cdot P_{p,0} \cdot P_{r,0}(1+r_p)^n \cdot (1+r_r)^n \cdot \ln\left(\frac{1+r_p}{1+r_r}\right)\left[\frac{i_r}{i_p}P_{r,0}^2(1+r_r)^{2n} - P_{p,0}^2(1+r_p)^{2n}\right]$$

$\because r_r > r_p$

$\therefore \ln\left(\frac{1+r_p}{1+r_r}\right) < 0$

所以，若 $\left[\dfrac{i_r}{i_p}P_{r,0}^2(1+r_r)^{2n} - P_{p,0}^2(1+r_p)^{2n}\right] < 0$，则 $\dfrac{\mathrm{d}G_n}{\mathrm{d}n} > 0$，

即基尼系数是上升的。

下面进行情景分析。

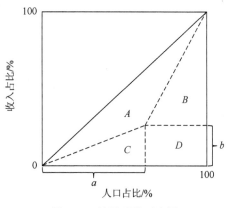

图 I-1　基尼系数示意图

I.2　情景分析一：固定的人口自然增长率

初始基尼系数为 0.35、富人人口占比为 2%、富人财富占比为 37%、富人人口自然增长率为 15‰、穷人人口增长率为 9‰。

在朝代初期，社会相对比较公平，设 G_0 为 0.35。

关于人口比例，将皇室、官员、地主归为富人，其余阶层的都归为穷人。富人的比例有多少呢？"传统中国社会不仅始终是等级社会，也始终是少数统治。当然，这也可以说是前者题中应有之义。官员阶层始终只占中国人口中一个极小的比例，一般仅一万多人，最多也不过数万，即便加上"士人"阶层，甚至包括低级的士人——生员，连同所有这些人的家属，总数也不过百万，常常还不到人口总数的百分之一，甚至千分之一。明末清初顾炎武[1]估计中国生员的总数是 50 万人。"[2]可见，估计官员阶层占比不到 1%，加上地主，富人人口占比估计不到 2%，由于难以找到更精确的数据，富人占比按 2% 计，这样，穷人人口占比为 98%，即 $a_0=0.98$。

因为 $G_0=a_0-b_0$，

所以，将 $G_0=0.35$ 代入上式，可以计算出：

$b_0=0.63$，

即，穷人财富占比为 63%，

则，富人人口占比为 2%，财富占比为 37%。

所以，

$$i_r/i_p=(37\%/2\%)/(63\%/98\%)$$
$$=28.7777777777$$

代入 $\dfrac{i_r}{i_p}P_{r,0}^2(1+r_r)^{2n}-P_{p,0}^2(1+r_p)^{2n}$ 中，

得，

$$28.7777777777\times0.02^2(1+r_r)^{2n}-0.98^2(1+r_p)^{2n}$$
$$=0.0115111111(1+r_r)^{2n}-0.9604(1+r_p)^{2n}$$

因为，$0.9604/0.011511111111\approx83$，

又由于人口自然增长率较低，一个地区的人口增长倍数有限，并且穷人、富人人口通常都是增长的，因此，穷人与富人的人口自然增长率差异导致的 $(1+r_r)^{2n}/(1+r_p)^{2n}$ 的商通常不可能大于 83，因此，$\dfrac{i_r}{i_p}P_{r,0}^2(1+r_r)^{2n}-P_{p,0}^2(1+r_p)^{2n}$ 通常应该小于 0。

即，$\dfrac{dG_n}{dn}>0$

也就是说，基尼系数通常是递增的。

设穷人人口自然增长率为 9‰，富人的为 15‰，代入公式计算后，可以得到图Ⅰ-2 和表Ⅰ-1。

① 顾炎武. 顾亭林诗文集[M]. 北京：中华书局，1959：21. 见：陈迪. 精英流动与社会平衡——考察中国古代官僚制的视角[D]. 东南大学硕士学位论文，2005.

② 陈迪. 精英流动与社会平衡——考察中国古代官僚制的视角[D]. 东南大学硕士学位论文，2005.

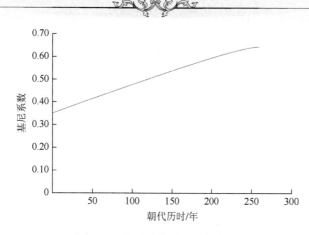

图 I-2　基尼系数随时间变化图

初始基尼系数为 0.35、富人人口占比为 2%、富人财富占比为 37%、富人人口自然增长率为 15‰、穷人人口自然增长率为 9‰

表 I-1　人口自然增长率不变情景下朝代第 n 年的基尼系数对照表[*]

朝代的第 n 年	穷人人口自然增长率 r_p	富人人口自然增长率 r_r	a_n	b_n	$G_n = a_n - b_n$
0	0.009	0.015	0.9800	0.6300	0.3500
1	0.009	0.015	0.9799	0.6286	0.3513
2	0.009	0.015	0.9798	0.6272	0.3525
3	0.009	0.015	0.9796	0.6258	0.3538
4	0.009	0.015	0.9795	0.6245	0.3551
5	0.009	0.015	0.9794	0.6231	0.3563
6	0.009	0.015	0.9793	0.6217	0.3576
7	0.009	0.015	0.9792	0.6203	0.3589
8	0.009	0.015	0.9790	0.6189	0.3602
9	0.009	0.015	0.9789	0.6175	0.3614
10	0.009	0.015	0.9788	0.6161	0.3627
11	0.009	0.015	0.9787	0.6147	0.3640
12	0.009	0.015	0.9786	0.6133	0.3653
13	0.009	0.015	0.9784	0.6119	0.3666
14	0.009	0.015	0.9783	0.6105	0.3679
15	0.009	0.015	0.9782	0.6090	0.3691
16	0.009	0.015	0.9781	0.6076	0.3704
17	0.009	0.015	0.9779	0.6062	0.3717
18	0.009	0.015	0.9778	0.6048	0.3730
19	0.009	0.015	0.9777	0.6034	0.3743

朝代的第 n 年	穷人人口自然增长率 r_p	富人人口自然增长率 r_r	a_n	b_n	$G_n=a_n-b_n$
20	0.009	0.015	0.9775	0.6020	0.3756
21	0.009	0.015	0.9774	0.6005	0.3769
22	0.009	0.015	0.9773	0.5991	0.3782
23	0.009	0.015	0.9771	0.5977	0.3795
24	0.009	0.015	0.9770	0.5963	0.3807
25	0.009	0.015	0.9769	0.5948	0.3820
26	0.009	0.015	0.9767	0.5934	0.3833
27	0.009	0.015	0.9766	0.5920	0.3846
28	0.009	0.015	0.9765	0.5905	0.3859
29	0.009	0.015	0.9763	0.5891	0.3872
30	0.009	0.015	0.9762	0.5877	0.3885
31	0.009	0.015	0.9761	0.5862	0.3898
32	0.009	0.015	0.9759	0.5848	0.3911
33	0.009	0.015	0.9758	0.5834	0.3924
34	0.009	0.015	0.9756	0.5819	0.3937
35	0.009	0.015	0.9755	0.5805	0.3950
36	0.009	0.015	0.9754	0.5790	0.3963
37	0.009	0.015	0.9752	0.5776	0.3976
38	0.009	0.015	0.9751	0.5761	0.3989
39	0.009	0.015	0.9749	0.5747	0.4002
40	0.009	0.015	0.9748	0.5732	0.4015
41	0.009	0.015	0.9746	0.5718	0.4029
42	0.009	0.015	0.9745	0.5703	0.4042
43	0.009	0.015	0.9743	0.5689	0.4055
44	0.009	0.015	0.9742	0.5674	0.4068
45	0.009	0.015	0.9740	0.5660	0.4081
46	0.009	0.015	0.9739	0.5645	0.4094
47	0.009	0.015	0.9737	0.5631	0.4107
48	0.009	0.015	0.9736	0.5616	0.4120
49	0.009	0.015	0.9734	0.5601	0.4133
50	0.009	0.015	0.9733	0.5587	0.4146
51	0.009	0.015	0.9731	0.5572	0.4159
52	0.009	0.015	0.9730	0.5557	0.4172
53	0.009	0.015	0.9728	0.5543	0.4185

续表

朝代的第 n 年	穷人人口自然增长率 r_p	富人人口自然增长率 r_r	a_n	b_n	$G_n=a_n-b_n$
54	0.009	0.015	0.9727	0.5528	0.4198
55	0.009	0.015	0.9725	0.5514	0.4212
56	0.009	0.015	0.9723	0.5499	0.4225
57	0.009	0.015	0.9722	0.5484	0.4238
58	0.009	0.015	0.9720	0.5469	0.4251
59	0.009	0.015	0.9719	0.5455	0.4264
60	0.009	0.015	0.9717	0.5440	0.4277
61	0.009	0.015	0.9715	0.5425	0.4290
62	0.009	0.015	0.9714	0.5411	0.4303
63	0.009	0.015	0.9712	0.5396	0.4316
64	0.009	0.015	0.9710	0.5381	0.4329
65	0.009	0.015	0.9709	0.5366	0.4342
66	0.009	0.015	0.9707	0.5352	0.4355
67	0.009	0.015	0.9705	0.5337	0.4368
68	0.009	0.015	0.9704	0.5322	0.4381
69	0.009	0.015	0.9702	0.5307	0.4394
70	0.009	0.015	0.9700	0.5293	0.4408
71	0.009	0.015	0.9698	0.5278	0.4421
72	0.009	0.015	0.9697	0.5263	0.4434
73	0.009	0.015	0.9695	0.5248	0.4447
74	0.009	0.015	0.9693	0.5234	0.4460
75	0.009	0.015	0.9691	0.5219	0.4473
76	0.009	0.015	0.9690	0.5204	0.4486
77	0.009	0.015	0.9688	0.5189	0.4499
78	0.009	0.015	0.9686	0.5174	0.4512
79	0.009	0.015	0.9684	0.5160	0.4525
80	0.009	0.015	0.9682	0.5145	0.4538
81	0.009	0.015	0.9681	0.5130	0.4551
82	0.009	0.015	0.9679	0.5115	0.4564
83	0.009	0.015	0.9677	0.5100	0.4577
84	0.009	0.015	0.9675	0.5085	0.4590
85	0.009	0.015	0.9673	0.5071	0.4603
86	0.009	0.015	0.9671	0.5056	0.4616
87	0.009	0.015	0.9669	0.5041	0.4628

朝代的第 n 年	穷人人口自然增长率 r_p	富人人口自然增长率 r_r	a_n	b_n	$G_n = a_n - b_n$
88	0.009	0.015	0.9668	0.5026	0.4641
89	0.009	0.015	0.9666	0.5011	0.4654
90	0.009	0.015	0.9664	0.4997	0.4667
91	0.009	0.015	0.9662	0.4982	0.4680
92	0.009	0.015	0.9660	0.4967	0.4693
93	0.009	0.015	0.9658	0.4952	0.4706
94	0.009	0.015	0.9656	0.4937	0.4719
95	0.009	0.015	0.9654	0.4922	0.4732
96	0.009	0.015	0.9652	0.4908	0.4744
97	0.009	0.015	0.9650	0.4893	0.4757
98	0.009	0.015	0.9648	0.4878	0.4770
99	0.009	0.015	0.9646	0.4863	0.4783
100	0.009	0.015	0.9644	0.4848	0.4796
101	0.009	0.015	0.9642	0.4834	0.4808
102	0.009	0.015	0.9640	0.4819	0.4821
103	0.009	0.015	0.9638	0.4804	0.4834
104	0.009	0.015	0.9636	0.4789	0.4847
105	0.009	0.015	0.9634	0.4774	0.4859
106	0.009	0.015	0.9632	0.4760	0.4872
107	0.009	0.015	0.9629	0.4745	0.4885
108	0.009	0.015	0.9627	0.4730	0.4897
109	0.009	0.015	0.9625	0.4715	0.4910
110	0.009	0.015	0.9623	0.4700	0.4923
111	0.009	0.015	0.9621	0.4686	0.4935
112	0.009	0.015	0.9619	0.4671	0.4948
113	0.009	0.015	0.9616	0.4656	0.4960
114	0.009	0.015	0.9614	0.4641	0.4973
115	0.009	0.015	0.9612	0.4627	0.4985
116	0.009	0.015	0.9610	0.4612	0.4998
117	0.009	0.015	0.9608	0.4597	0.5010
118	0.009	0.015	0.9605	0.4582	0.5023
119	0.009	0.015	0.9603	0.4568	0.5035
120	0.009	0.015	0.9601	0.4553	0.5048
121	0.009	0.015	0.9599	0.4538	0.5060

续表

朝代的第 n 年	穷人人口自然增长率 r_{p}	富人人口自然增长率 r_{r}	a_n	b_n	$G_n=a_n-b_n$
122	0.009	0.015	0.9596	0.4524	0.5073
123	0.009	0.015	0.9594	0.4509	0.5085
124	0.009	0.015	0.9592	0.4494	0.5097
125	0.009	0.015	0.9589	0.4480	0.5110
126	0.009	0.015	0.9587	0.4465	0.5122
127	0.009	0.015	0.9585	0.4450	0.5134
128	0.009	0.015	0.9582	0.4436	0.5147
129	0.009	0.015	0.9580	0.4421	0.5159
130	0.009	0.015	0.9578	0.4406	0.5171
131	0.009	0.015	0.9575	0.4392	0.5183
132	0.009	0.015	0.9573	0.4377	0.5195
133	0.009	0.015	0.9570	0.4363	0.5208
134	0.009	0.015	0.9568	0.4348	0.5220
135	0.009	0.015	0.9565	0.4334	0.5232
136	0.009	0.015	0.9563	0.4319	0.5244
137	0.009	0.015	0.9560	0.4304	0.5256
138	0.009	0.015	0.9558	0.4290	0.5268
139	0.009	0.015	0.9555	0.4275	0.5280
140	0.009	0.015	0.9553	0.4261	0.5292
141	0.009	0.015	0.9550	0.4246	0.5304
142	0.009	0.015	0.9548	0.4232	0.5316
143	0.009	0.015	0.9545	0.4217	0.5328
144	0.009	0.015	0.9543	0.4203	0.5340
145	0.009	0.015	0.9540	0.4189	0.5351
146	0.009	0.015	0.9537	0.4174	0.5363
147	0.009	0.015	0.9535	0.4160	0.5375
148	0.009	0.015	0.9532	0.4145	0.5387
149	0.009	0.015	0.9530	0.4131	0.5399
150	0.009	0.015	0.9527	0.4117	0.5410
151	0.009	0.015	0.9524	0.4102	0.5422
152	0.009	0.015	0.9521	0.4088	0.5434
153	0.009	0.015	0.9519	0.4074	0.5445
154	0.009	0.015	0.9516	0.4059	0.5457
155	0.009	0.015	0.9513	0.4045	0.5468

续表

朝代的第 n 年	穷人人口自然增长率 r_p	富人人口自然增长率 r_r	a_n	b_n	$G_n=a_n-b_n$
156	0.009	0.015	0.9511	0.4031	0.5480
157	0.009	0.015	0.9508	0.4016	0.5491
158	0.009	0.015	0.9505	0.4002	0.5503
159	0.009	0.015	0.9502	0.3988	0.5514
160	0.009	0.015	0.9499	0.3974	0.5526
161	0.009	0.015	0.9497	0.3960	0.5537
162	0.009	0.015	0.9494	0.3945	0.5548
163	0.009	0.015	0.9491	0.3931	0.5560
164	0.009	0.015	0.9488	0.3917	0.5571
165	0.009	0.015	0.9485	0.3903	0.5582
166	0.009	0.015	0.9482	0.3889	0.5593
167	0.009	0.015	0.9479	0.3875	0.5604
168	0.009	0.015	0.9476	0.3861	0.5616
169	0.009	0.015	0.9473	0.3847	0.5627
170	0.009	0.015	0.9470	0.3833	0.5638
171	0.009	0.015	0.9467	0.3819	0.5649
172	0.009	0.015	0.9464	0.3805	0.5660
173	0.009	0.015	0.9461	0.3791	0.5671
174	0.009	0.015	0.9458	0.3777	0.5682
175	0.009	0.015	0.9455	0.3763	0.5693
176	0.009	0.015	0.9452	0.3749	0.5703
177	0.009	0.015	0.9449	0.3735	0.5714
178	0.009	0.015	0.9446	0.3721	0.5725
179	0.009	0.015	0.9443	0.3707	0.5736
180	0.009	0.015	0.9440	0.3694	0.5746
181	0.009	0.015	0.9437	0.3680	0.5757
182	0.009	0.015	0.9434	0.3666	0.5768
183	0.009	0.015	0.9430	0.3652	0.5778
184	0.009	0.015	0.9427	0.3638	0.5789
185	0.009	0.015	0.9424	0.3625	0.5799
186	0.009	0.015	0.9421	0.3611	0.5810
187	0.009	0.015	0.9418	0.3597	0.5820
188	0.009	0.015	0.9414	0.3584	0.5831
189	0.009	0.015	0.9411	0.3570	0.5841

续表

朝代的第 n 年	穷人人口自然 增长率 r_p	富人人口自然 增长率 r_r	a_n	b_n	$G_n=a_n-b_n$
190	0.009	0.015	0.9408	0.3557	0.5851
191	0.009	0.015	0.9404	0.3543	0.5861
192	0.009	0.015	0.9401	0.3529	0.5872
193	0.009	0.015	0.9398	0.3516	0.5882
194	0.009	0.015	0.9394	0.3502	0.5892
195	0.009	0.015	0.9391	0.3489	0.5902
196	0.009	0.015	0.9388	0.3475	0.5912
197	0.009	0.015	0.9384	0.3462	0.5922
198	0.009	0.015	0.9381	0.3449	0.5932
199	0.009	0.015	0.9377	0.3435	0.5942
200	0.009	0.015	0.9374	0.3422	0.5952
201	0.009	0.015	0.9370	0.3409	0.5962
202	0.009	0.015	0.9367	0.3395	0.5972
203	0.009	0.015	0.9363	0.3382	0.5981
204	0.009	0.015	0.9360	0.3369	0.5991
205	0.009	0.015	0.9356	0.3355	0.6001
206	0.009	0.015	0.9353	0.3342	0.6010
207	0.009	0.015	0.9349	0.3329	0.6020
208	0.009	0.015	0.9345	0.3316	0.6029
209	0.009	0.015	0.9342	0.3303	0.6039
210	0.009	0.015	0.9338	0.3290	0.6048
211	0.009	0.015	0.9334	0.3277	0.6058
212	0.009	0.015	0.9331	0.3264	0.6067
213	0.009	0.015	0.9327	0.3251	0.6076
214	0.009	0.015	0.9323	0.3238	0.6086
215	0.009	0.015	0.9320	0.3225	0.6095
216	0.009	0.015	0.9316	0.3212	0.6104
217	0.009	0.015	0.9312	0.3199	0.6113
218	0.009	0.015	0.9308	0.3186	0.6122
219	0.009	0.015	0.9304	0.3173	0.6131
220	0.009	0.015	0.9301	0.3160	0.6140
221	0.009	0.015	0.9297	0.3147	0.6149
222	0.009	0.015	0.9293	0.3135	0.6158
223	0.009	0.015	0.9289	0.3122	0.6167
224	0.009	0.015	0.9285	0.3109	0.6176

朝代的第 n 年	穷人人口自然增长率 r_p	富人人口自然增长率 r_r	a_n	b_n	$G_n=a_n-b_n$
225	0.009	0.015	0.9281	0.3096	0.6185
226	0.009	0.015	0.9277	0.3084	0.6193
227	0.009	0.015	0.9273	0.3071	0.6202
228	0.009	0.015	0.9269	0.3059	0.6210
229	0.009	0.015	0.9265	0.3046	0.6219
230	0.009	0.015	0.9261	0.3033	0.6227
231	0.009	0.015	0.9257	0.3021	0.6236
232	0.009	0.015	0.9253	0.3008	0.6244
233	0.009	0.015	0.9249	0.2996	0.6253
234	0.009	0.015	0.9245	0.2984	0.6261
235	0.009	0.015	0.9240	0.2971	0.6269
236	0.009	0.015	0.9236	0.2959	0.6277
237	0.009	0.015	0.9232	0.2946	0.6286
238	0.009	0.015	0.9228	0.2934	0.6294
239	0.009	0.015	0.9224	0.2922	0.6302
240	0.009	0.015	0.9219	0.2910	0.6310
241	0.009	0.015	0.9215	0.2897	0.6318
242	0.009	0.015	0.9211	0.2885	0.6326
243	0.009	0.015	0.9206	0.2873	0.6333
244	0.009	0.015	0.9202	0.2861	0.6341
245	0.009	0.015	0.9198	0.2849	0.6349
246	0.009	0.015	0.9193	0.2837	0.6357
247	0.009	0.015	0.9189	0.2825	0.6364
248	0.009	0.015	0.9184	0.2813	0.6372
249	0.009	0.015	0.9180	0.2801	0.6379
250	0.009	0.015	0.9176	0.2789	0.6387
251	0.009	0.015	0.9171	0.2777	0.6394
252	0.009	0.015	0.9167	0.2765	0.6401
253	0.009	0.015	0.9162	0.2753	0.6409
254	0.009	0.015	0.9157	0.2741	0.6416
255	0.009	0.015	0.9153	0.2730	0.6423
256	0.009	0.015	0.9148	0.2718	0.6430
257	0.009	0.015	0.9144	0.2706	0.6437
258	0.009	0.015	0.9139	0.2694	0.6445
259	0.009	0.015	0.9134	0.2683	0.6451

* 初始基尼系数为 0.35、富人人口占比为 2%、富人财富占比为 37%、富人人口自然增长率为 15‰、穷人人口自然增长率为 9‰

由图 I-2 可见，在此情景下，一个朝代的基尼系数几乎是呈线性上升的，第 35 年时，达到 0.4；第 113 年时，达到 0.5；第 200 年时，达到 0.6。

I.3　情景分析二：变化的人口自然增长率

实际上，在朝代初期，人口自然增长率较高，随后逐渐降低。[①]因此，设计一个人口增长率变化的情景是合理的。

设初始基尼系数为 0.35、富人人口占比为 2%、富人财富占比为 37%，朝代第 0～29 年富人人口自然增长率为 35‰、穷人人口自然增长率为 18‰；朝代第 30～59 年富人人口自然增长率为 17.5‰、穷人人口自然增长率为 9‰；朝代第 60～259 年富人人口自然增长率为 8.75‰、穷人人口自然增长率为 4.5‰。

按上述数据，代入公式进行计算，可以得到图 I-3 和表 I-2。

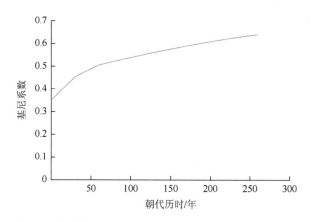

图 I-3　变化的人口增长率情景下基尼系数随时间变化图

表 I-2　变化的人口自然增长率情景下朝代第 n 年的基尼系数对照表[*]

朝代的第 n 年	穷人人口自然 增长率 r_p	富人人口自然 增长率 r_r	a_n	b_n	$G_n = a_n - b_n$
0	0.018	0.035	0.9800	0.6300	0.3500
1	0.018	0.035	0.9797	0.6261	0.3535
2	0.018	0.035	0.9793	0.6222	0.3571
3	0.018	0.035	0.9790	0.6183	0.3607
4	0.018	0.035	0.9787	0.6144	0.3642
5	0.018	0.035	0.9783	0.6105	0.3678

---

① 袁祖亮. 中国古代人口史专题研究[M]. 郑州：中州古籍出版社，1994：73-82.

朝代的第 n 年	穷人人口自然增长率 r_p	富人人口自然增长率 r_r	a_n	b_n	$G_n=a_n-b_n$
6	0.018	0.035	0.9780	0.6066	0.3714
7	0.018	0.035	0.9776	0.6026	0.3750
8	0.018	0.035	0.9772	0.5986	0.3786
9	0.018	0.035	0.9769	0.5946	0.3822
10	0.018	0.035	0.9765	0.5906	0.3858
11	0.018	0.035	0.9761	0.5866	0.3895
12	0.018	0.035	0.9757	0.5826	0.3931
13	0.018	0.035	0.9753	0.5786	0.3967
14	0.018	0.035	0.9749	0.5745	0.4004
15	0.018	0.035	0.9745	0.5705	0.4040
16	0.018	0.035	0.9741	0.5664	0.4077
17	0.018	0.035	0.9737	0.5623	0.4113
18	0.018	0.035	0.9732	0.5583	0.4150
19	0.018	0.035	0.9728	0.5542	0.4186
20	0.018	0.035	0.9724	0.5501	0.4223
21	0.018	0.035	0.9719	0.5460	0.4259
22	0.018	0.035	0.9715	0.5419	0.4296
23	0.018	0.035	0.9710	0.5378	0.4332
24	0.018	0.035	0.9705	0.5336	0.4369
25	0.018	0.035	0.9700	0.5295	0.4405
26	0.018	0.035	0.9696	0.5254	0.4442
27	0.018	0.035	0.9691	0.5213	0.4478
28	0.018	0.035	0.9686	0.5171	0.4515
29	0.018	0.035	0.9681	0.5130	0.4551
30	0.009	0.0175	0.9678	0.5109	0.4569
31	0.009	0.0175	0.9675	0.5088	0.4588
32	0.009	0.0175	0.9673	0.5067	0.4606
33	0.009	0.0175	0.9670	0.5046	0.4624
34	0.009	0.0175	0.9667	0.5025	0.4642
35	0.009	0.0175	0.9665	0.5004	0.4661
36	0.009	0.0175	0.9662	0.4983	0.4679
37	0.009	0.0175	0.9659	0.4962	0.4697
38	0.009	0.0175	0.9656	0.4941	0.4715
39	0.009	0.0175	0.9654	0.4920	0.4734

续表

朝代的第 n 年	穷人人口自然增长率 r_p	富人人口自然增长率 r_r	a_n	b_n	$G_n = a_n - b_n$
40	0.009	0.0175	0.9651	0.4899	0.4752
41	0.009	0.0175	0.9648	0.4878	0.4770
42	0.009	0.0175	0.9645	0.4857	0.4788
43	0.009	0.0175	0.9642	0.4836	0.4806
44	0.009	0.0175	0.9639	0.4815	0.4824
45	0.009	0.0175	0.9636	0.4794	0.4842
46	0.009	0.0175	0.9633	0.4773	0.4860
47	0.009	0.0175	0.9630	0.4753	0.4878
48	0.009	0.0175	0.9628	0.4732	0.4896
49	0.009	0.0175	0.9624	0.4711	0.4914
50	0.009	0.0175	0.9621	0.4690	0.4932
51	0.009	0.0175	0.9618	0.4669	0.4949
52	0.009	0.0175	0.9615	0.4648	0.4967
53	0.009	0.0175	0.9612	0.4627	0.4985
54	0.009	0.0175	0.9609	0.4606	0.5003
55	0.009	0.0175	0.9606	0.4586	0.5020
56	0.009	0.0175	0.9603	0.4565	0.5038
57	0.009	0.0175	0.9599	0.4544	0.5056
58	0.009	0.0175	0.9596	0.4523	0.5073
59	0.009	0.0175	0.9593	0.4502	0.5091
60	0.0045	0.00875	0.9591	0.4492	0.5099
61	0.0045	0.00875	0.9590	0.4481	0.5108
62	0.0045	0.00875	0.9588	0.4471	0.5117
63	0.0045	0.00875	0.9586	0.4461	0.5126
64	0.0045	0.00875	0.9585	0.4450	0.5135
65	0.0045	0.00875	0.9583	0.4440	0.5143
66	0.0045	0.00875	0.9581	0.4429	0.5152
67	0.0045	0.00875	0.9580	0.4419	0.5161
68	0.0045	0.00875	0.9578	0.4408	0.5169
69	0.0045	0.00875	0.9576	0.4398	0.5178
70	0.0045	0.00875	0.9574	0.4388	0.5187
71	0.0045	0.00875	0.9573	0.4377	0.5195
72	0.0045	0.00875	0.9571	0.4367	0.5204
73	0.0045	0.00875	0.9569	0.4356	0.5213

续表

朝代的第 n 年	穷人人口自然增长率 r_p	富人人口自然增长率 r_r	a_n	b_n	$G_n=a_n-b_n$
74	0.0045	0.00875	0.9567	0.4346	0.5221
75	0.0045	0.00875	0.9566	0.4336	0.5230
76	0.0045	0.00875	0.9564	0.4325	0.5239
77	0.0045	0.00875	0.9562	0.4315	0.5247
78	0.0045	0.00875	0.9560	0.4305	0.5256
79	0.0045	0.00875	0.9559	0.4294	0.5264
80	0.0045	0.00875	0.9557	0.4284	0.5273
81	0.0045	0.00875	0.9555	0.4274	0.5281
82	0.0045	0.00875	0.9553	0.4263	0.5290
83	0.0045	0.00875	0.9551	0.4253	0.5299
84	0.0045	0.00875	0.9550	0.4243	0.5307
85	0.0045	0.00875	0.9548	0.4232	0.5316
86	0.0045	0.00875	0.9546	0.4222	0.5324
87	0.0045	0.00875	0.9544	0.4212	0.5332
88	0.0045	0.00875	0.9542	0.4201	0.5341
89	0.0045	0.00875	0.9541	0.4191	0.5349
90	0.0045	0.00875	0.9539	0.4181	0.5358
91	0.0045	0.00875	0.9537	0.4171	0.5366
92	0.0045	0.00875	0.9535	0.4160	0.5375
93	0.0045	0.00875	0.9533	0.4150	0.5383
94	0.0045	0.00875	0.9531	0.4140	0.5391
95	0.0045	0.00875	0.9529	0.4130	0.5400
96	0.0045	0.00875	0.9527	0.4119	0.5408
97	0.0045	0.00875	0.9525	0.4109	0.5416
98	0.0045	0.00875	0.9524	0.4099	0.5425
99	0.0045	0.00875	0.9522	0.4089	0.5433
100	0.0045	0.00875	0.9520	0.4079	0.5441
101	0.0045	0.00875	0.9518	0.4068	0.5449
102	0.0045	0.00875	0.9516	0.4058	0.5458
103	0.0045	0.00875	0.9514	0.4048	0.5466
104	0.0045	0.00875	0.9512	0.4038	0.5474
105	0.0045	0.00875	0.9510	0.4028	0.5482
106	0.0045	0.00875	0.9508	0.4018	0.5490
107	0.0045	0.00875	0.9506	0.4007	0.5499

附录 I　中国古代穷人与富人人口自然增长率的差异对基尼系数的影响模型

续表

朝代的第 n 年	穷人人口自然增长率 r_p	富人人口自然增长率 r_r	a_n	b_n	$G_n=a_n-b_n$
108	0.0045	0.00875	0.9504	0.3997	0.5507
109	0.0045	0.00875	0.9502	0.3987	0.5515
110	0.0045	0.00875	0.9500	0.3977	0.5523
111	0.0045	0.00875	0.9498	0.3967	0.5531
112	0.0045	0.00875	0.9496	0.3957	0.5539
113	0.0045	0.00875	0.9494	0.3947	0.5547
114	0.0045	0.00875	0.9492	0.3937	0.5555
115	0.0045	0.00875	0.9490	0.3927	0.5563
116	0.0045	0.00875	0.9488	0.3916	0.5571
117	0.0045	0.00875	0.9486	0.3906	0.5579
118	0.0045	0.00875	0.9484	0.3896	0.5587
119	0.0045	0.00875	0.9482	0.3886	0.5595
120	0.0045	0.00875	0.9480	0.3876	0.5603
121	0.0045	0.00875	0.9478	0.3866	0.5611
122	0.0045	0.00875	0.9475	0.3856	0.5619
123	0.0045	0.00875	0.9473	0.3846	0.5627
124	0.0045	0.00875	0.9471	0.3836	0.5635
125	0.0045	0.00875	0.9469	0.3826	0.5643
126	0.0045	0.00875	0.9467	0.3816	0.5651
127	0.0045	0.00875	0.9465	0.3806	0.5658
128	0.0045	0.00875	0.9463	0.3796	0.5666
129	0.0045	0.00875	0.9461	0.3787	0.5674
130	0.0045	0.00875	0.9458	0.3777	0.5682
131	0.0045	0.00875	0.9456	0.3767	0.5690
132	0.0045	0.00875	0.9454	0.3757	0.5697
133	0.0045	0.00875	0.9452	0.3747	0.5705
134	0.0045	0.00875	0.9450	0.3737	0.5713
135	0.0045	0.00875	0.9447	0.3727	0.5720
136	0.0045	0.00875	0.9445	0.3717	0.5728
137	0.0045	0.00875	0.9443	0.3707	0.5736
138	0.0045	0.00875	0.9441	0.3698	0.5743
139	0.0045	0.00875	0.9439	0.3688	0.5751
140	0.0045	0.00875	0.9436	0.3678	0.5758
141	0.0045	0.00875	0.9434	0.3668	0.5766

朝代的第 n 年	穷人人口自然增长率 r_p	富人人口自然增长率 r_r	a_n	b_n	$G_n=a_n-b_n$
142	0.0045	0.00875	0.9432	0.3658	0.5774
143	0.0045	0.00875	0.9430	0.3648	0.5781
144	0.0045	0.00875	0.9427	0.3639	0.5789
145	0.0045	0.00875	0.9425	0.3629	0.5796
146	0.0045	0.00875	0.9423	0.3619	0.5804
147	0.0045	0.00875	0.9420	0.3609	0.5811
148	0.0045	0.00875	0.9418	0.3600	0.5818
149	0.0045	0.00875	0.9416	0.3590	0.5826
150	0.0045	0.00875	0.9413	0.3580	0.5833
151	0.0045	0.00875	0.9411	0.3571	0.5841
152	0.0045	0.00875	0.9409	0.3561	0.5848
153	0.0045	0.00875	0.9406	0.3551	0.5855
154	0.0045	0.00875	0.9404	0.3542	0.5863
155	0.0045	0.00875	0.9402	0.3532	0.5870
156	0.0045	0.00875	0.9399	0.3522	0.5877
157	0.0045	0.00875	0.9397	0.3513	0.5884
158	0.0045	0.00875	0.9395	0.3503	0.5892
159	0.0045	0.00875	0.9392	0.3493	0.5899
160	0.0045	0.00875	0.9390	0.3484	0.5906
161	0.0045	0.00875	0.9387	0.3474	0.5913
162	0.0045	0.00875	0.9385	0.3465	0.5920
163	0.0045	0.00875	0.9382	0.3455	0.5927
164	0.0045	0.00875	0.9380	0.3446	0.5934
165	0.0045	0.00875	0.9378	0.3436	0.5941
166	0.0045	0.00875	0.9375	0.3427	0.5949
167	0.0045	0.00875	0.9373	0.3417	0.5956
168	0.0045	0.00875	0.9370	0.3408	0.5963
169	0.0045	0.00875	0.9368	0.3398	0.5970
170	0.0045	0.00875	0.9365	0.3389	0.5976
171	0.0045	0.00875	0.9363	0.3379	0.5983
172	0.0045	0.00875	0.9360	0.3370	0.5990
173	0.0045	0.00875	0.9357	0.3360	0.5997
174	0.0045	0.00875	0.9355	0.3351	0.6004
175	0.0045	0.00875	0.9352	0.3341	0.6011

续表

朝代的第 n 年	穷人人口自然增长率 r_p	富人人口自然增长率 r_r	a_n	b_n	$G_n=a_n-b_n$
176	0.0045	0.00875	0.9350	0.3332	0.6018
177	0.0045	0.00875	0.9347	0.3323	0.6025
178	0.0045	0.00875	0.9345	0.3313	0.6031
179	0.0045	0.00875	0.9342	0.3304	0.6038
180	0.0045	0.00875	0.9339	0.3295	0.6045
181	0.0045	0.00875	0.9337	0.3285	0.6052
182	0.0045	0.00875	0.9334	0.3276	0.6058
183	0.0045	0.00875	0.9332	0.3267	0.6065
184	0.0045	0.00875	0.9329	0.3257	0.6072
185	0.0045	0.00875	0.9326	0.3248	0.6078
186	0.0045	0.00875	0.9324	0.3239	0.6085
187	0.0045	0.00875	0.9321	0.3230	0.6091
188	0.0045	0.00875	0.9318	0.3220	0.6098
189	0.0045	0.00875	0.9316	0.3211	0.6104
190	0.0045	0.00875	0.9313	0.3202	0.6111
191	0.0045	0.00875	0.9310	0.3193	0.6117
192	0.0045	0.00875	0.9308	0.3184	0.6124
193	0.0045	0.00875	0.9305	0.3175	0.6130
194	0.0045	0.00875	0.9302	0.3165	0.6137
195	0.0045	0.00875	0.9299	0.3156	0.6143
196	0.0045	0.00875	0.9297	0.3147	0.6149
197	0.0045	0.00875	0.9294	0.3138	0.6156
198	0.0045	0.00875	0.9291	0.3129	0.6162
199	0.0045	0.00875	0.9288	0.3120	0.6168
200	0.0045	0.00875	0.9285	0.3111	0.6175
201	0.0045	0.00875	0.9283	0.3102	0.6181
202	0.0045	0.00875	0.9280	0.3093	0.6187
203	0.0045	0.00875	0.9277	0.3084	0.6193
204	0.0045	0.00875	0.9274	0.3075	0.6199
205	0.0045	0.00875	0.9271	0.3066	0.6206
206	0.0045	0.00875	0.9268	0.3057	0.6212
207	0.0045	0.00875	0.9266	0.3048	0.6218
208	0.0045	0.00875	0.9263	0.3039	0.6224
209	0.0045	0.00875	0.9260	0.3030	0.6230

朝代的第 n 年	穷人人口自然增长率 r_p	富人人口自然增长率 r_r	a_n	b_n	$G_n = a_n - b_n$
210	0.0045	0.00875	0.9257	0.3021	0.6236
211	0.0045	0.00875	0.9254	0.3012	0.6242
212	0.0045	0.00875	0.9251	0.3003	0.6248
213	0.0045	0.00875	0.9248	0.2994	0.6254
214	0.0045	0.00875	0.9245	0.2986	0.6260
215	0.0045	0.00875	0.9242	0.2977	0.6265
216	0.0045	0.00875	0.9239	0.2968	0.6271
217	0.0045	0.00875	0.9236	0.2959	0.6277
218	0.0045	0.00875	0.9233	0.2950	0.6283
219	0.0045	0.00875	0.9230	0.2942	0.6289
220	0.0045	0.00875	0.9227	0.2933	0.6295
221	0.0045	0.00875	0.9224	0.2924	0.6300
222	0.0045	0.00875	0.9221	0.2915	0.6306
223	0.0045	0.00875	0.9218	0.2907	0.6312
224	0.0045	0.00875	0.9215	0.2898	0.6317
225	0.0045	0.00875	0.9212	0.2889	0.6323
226	0.0045	0.00875	0.9209	0.2881	0.6328
227	0.0045	0.00875	0.9206	0.2872	0.6334
228	0.0045	0.00875	0.9203	0.2863	0.6340
229	0.0045	0.00875	0.9200	0.2855	0.6345
230	0.0045	0.00875	0.9197	0.2846	0.6351
231	0.0045	0.00875	0.9194	0.2838	0.6356
232	0.0045	0.00875	0.9190	0.2829	0.6362
233	0.0045	0.00875	0.9187	0.2820	0.6367
234	0.0045	0.00875	0.9184	0.2812	0.6372
235	0.0045	0.00875	0.9181	0.2803	0.6378
236	0.0045	0.00875	0.9178	0.2795	0.6383
237	0.0045	0.00875	0.9175	0.2786	0.6388
238	0.0045	0.00875	0.9171	0.2778	0.6394
239	0.0045	0.00875	0.9168	0.2769	0.6399
240	0.0045	0.00875	0.9165	0.2761	0.6404
241	0.0045	0.00875	0.9162	0.2753	0.6409
242	0.0045	0.00875	0.9158	0.2744	0.6414
243	0.0045	0.00875	0.9155	0.2736	0.6420

附录 I　中国古代穷人与富人人口自然增长率的差异对基尼系数的影响模型

续表

朝代的第 n 年	穷人人口自然增长率 r_p	富人人口自然增长率 r_r	a_n	b_n	$G_n=a_n-b_n$
244	0.0045	0.00875	0.9152	0.2727	0.6425
245	0.0045	0.00875	0.9149	0.2719	0.6430
246	0.0045	0.00875	0.9145	0.2711	0.6435
247	0.0045	0.00875	0.9142	0.2702	0.6440
248	0.0045	0.00875	0.9139	0.2694	0.6445
249	0.0045	0.00875	0.9135	0.2686	0.6450
250	0.0045	0.00875	0.9132	0.2677	0.6455
251	0.0045	0.00875	0.9129	0.2669	0.6460
252	0.0045	0.00875	0.9125	0.2661	0.6465
253	0.0045	0.00875	0.9122	0.2653	0.6469
254	0.0045	0.00875	0.9119	0.2644	0.6474
255	0.0045	0.00875	0.9115	0.2636	0.6479
256	0.0045	0.00875	0.9112	0.2628	0.6484
257	0.0045	0.00875	0.9108	0.2620	0.6489
258	0.0045	0.00875	0.9105	0.2612	0.6493
259	0.0045	0.00875	0.9101	0.2604	0.6498

* 初始基尼系数为 0.35、富人人口占比为 2%、富人财富占比为 37%，朝代第 0～29 年富人人口自然增长率为 35‰、穷人人口自然增长率为 18‰；朝代第 30～59 年富人人口自然增长率为 17.5‰、穷人人口自然增长率为 9‰；朝代第 60～259 年富人人口自然增长率为 8.75‰、穷人人口自然增长率为 4.5‰

由图 I-3 可见，本情景中，在朝代初期，基尼系数随着人口的快速增长迅速地呈线性上升，基尼系数年增加值达到 0.0036 左右。随着人口增长率放缓，基尼系数的增大速度也放慢，在相同人口增长率条件下，基尼系数的增长基本是线性的。

在朝代的第 15 年，基尼系数达到 0.4；在朝代的第 54 年，基尼系数达到 0.5；在朝代的第 174 年，基尼系数达到 0.6。

在真实的情况中，总体上看，朝代的人口增长率应该是逐渐降低，而不一定像本情景一样是突然变化的。但是，真实的基尼系数的变化趋势和本情景讨论的情况应该是比较接近的。

在真实的世界中，基尼系数的变化与增长还受人口结构、区域、年景、农业技术的变化、社会流动等因素的影响。另外，本模型中，只有富人和穷人两种类型，并且所有富人的收入一致、穷人的收入一致，尽管这样的假设符合一般经济学模型的要求，但是，实际上的人口占比-收入占比曲线通常是连续的。由于篇幅和主题所限，不进一步讨论。将来可以进一步用系统动力学方法深入分析。

附录Ⅱ　基于三种生产四种关系框架的分析：
关于福建省长期发展的一些初步看法①②

　　试图预见一个区域的长期发展，不是一件容易的事情。尤其是相对于省委政研室、省政府发展研究中心、省发改委、省统计局及调查总队等部门，个人能获取的信息是十分有限的，并且没有大团队优势。因此，只能基于日常经验，从两个视角谈谈自己的初步观点。一个视角是从三种生产四种关系的框架，以及三种生产3个子系统间的物质流、能量流、意识流、信息流看宏观大势；另一个视角是有过比较密切接触的区域或领域。主要以第一个视角为主，两个视角或有所交叉，必有不当疏漏之处，敬请包涵指正。

　　三种生产把世界系统分成人的生产、环境生产、物资生产3个子系统。3个子系统之间或内部存在四种基本关系，即人与人、人与自然（整体性视角）、人与自然（分析性视角）、人与自身的关系。三种生产之间和内部还存在物质流（含能量流）、信息流、"意识流"。

　　通过分析得到的主要观点和提议包括：福州市和厦门市最大的差别在于厦门大学，建议在福州市或宁德市，通过国际合作办学形式建国际一流大学或职业技术教育学院。这样做有利于进一步提高当地教育水平，产生科技辐射、文化辐射，有利于进一步提高福建省中、北部的软实力；应当考虑持续减少农村人口，注意适度发展劳动密集型行业。

Ⅱ.1　从三种生产看

Ⅱ.1.1　从人的生产看

　　（1）小学、中学的教育均等化十分重要。个人感觉，小学教育的均等化相对较好。初中教育的不平等程度有所增大。以福州为例，最好的三所初中都是私立学校。

---

① 本附录内容完成于2015年8月。现在的情况可能有些变化，由于时间关系，未做及时更新。
② 2015年，有老师动议说用三种生产四种关系框架写个省级社会经济发展研究的案例用于内部研讨。深知这个案例不好写，一是研究对象变化快，二是研究经济的人众多，三是个人掌握的资料少得可怜。因此，勉为其难地做了尝试，权当是抛砖引玉。

（2）长期来看，流动人口子女的均等化教育十分重要。如果没有良好的教育和健全的人格，在未来现代化的福建省中，他们适合承担什么社会角色呢？社会组织和志愿者是否可能在其中起更大的作用？福建本省内，0～17岁的流动人口子女约160万人（2013年数据），占福建省总常住人口3774万（2013年数据）的4.24%。现在，流动人口子女的入学问题基本解决，但是也存在一些问题。一是学习困难。有的学校要求家长承担一定的指导任务，如听写、检查作业等，这些家长普遍难以胜任。二是歧视。非流动人口的家长可能会阻止自己的子女和流动人口子女建立友谊，老师也可能会产生诸如"他/她家庭情况就这样，我也难以对他/她的学习提出更高的要求"的想法。在学习困难和认同困难的双重困境下，不少流动人口子女读到初中就辍学打工或者转回老家读初中。辍学打工的不利作用不言而喻，而回家则存在和父母分离、需要寻找和建立新的伙伴关系、小学所在地的亚文化和当地亚文化不一致时，会出现孩子缺乏有效指导等问题。值得注意的是，尽管流动人口在其常住地可能也会遭遇歧视，但是和儿童受到的歧视是不一样的，流动人口大多是长大了才外出，此时的人格基本定型，歧视对其产生的影响相对有限。而在歧视和学习困难中成长的少年儿童，成人后易形成不健全的人格，加上较低的生活质量和对城市生活的熟悉，可能引发更多的社会问题。[①]

（3）从长期看，可以考虑在福州市或者是宁德市采取国际合作办学的方式办至少一所国际一流的工程科技大学。相对于福建省的经济发展水平，福建省的教育是可以大有作为的。目前，省内有1所985院校，两所211院校。福建师范大学于2012年成为省部共建高校。在和外省人接触中发现，厦门市的知名度、美誉度普遍高于福州，为什么？个人以为，福州市和厦门市最大的差别在于厦门大学，厦门大学对厦门的软实力等方面的影响是深远悠长的。因此，在福州市或宁德市办至少一所国际一流的大学可以进一步提高当地的教育水平，产生科技辐射、文化辐射，有利于提高福建省中、北部的软实力。国际国内合作办学的想法有先例可循，如上海纽约大学、宁波诺丁汉大学、深圳众多的合作办学。规模不一定要很大，但最好能体现全球先进的工程技术。不一定要和英美国家的大学合办，也可以考虑和德国等国家合办。福州市有汽车生产基地、龙岩有龙工、泉州注重发展先进制造业，德国的机械制造是否可以成为这个大学的特色之一？还有软件业等。宁德市平地少，发展工业受到制约，但是坡地办大学可以，一个学院一小块平地。加上宁德市有山有海，选址好了、规划好了还可能成为风景美丽的大学。软件业也不需要厂房，坡地上的办公室就可以。不必担心"创新的浓度"[②]问题，

---

① 兴业慈善基金会李翊女士提供了部分资料。
② 周其仁. 聚集创新元素的浓度[EB/OL]. http://opinion.caixin.com/2015-05-31/100814914.html. [2015-05-31].

大学和产业界的联系并不远，霞浦到福州市的动车只需 1 个小时，时间上和坐地铁差别不大了；美国不少名校也在小镇上。选址在福州市或周边也可以，如平潭岛、琅岐岛。

（4）如果办大学的条件不成熟，可以退求办一流的国际职业技术教育。可以考虑和德国、日本等国家合作，为我所用。实际上，类似的企事业界已经在做了，如万科花几个亿送员工去日本培训。龙岩的龙工和日本的相关行业联系比较多。

（5）在未来，还是不得不考虑适度的人口政策。福建省的食品是难以自给的。福建省的人口密度为 304 人/平方千米（2013 年数据），和日本的 325 人/平方千米基本相当，低于中国台湾的 650 人/平方千米。日本、中国台湾的食物都无法完全自给，考虑到水热条件和渔业条件，福建省应该也一样。因此，应适度控制人口，完全放开毫不计划的话，估计是比较穷的或比较富的生得多，长期会加剧收入不平等。

（6）相对于中西部地区，福建省人口老龄化的问题可能相对没有那么显著。第一，福建省的总抚养比比较低，这应该和外来人口相关。2013 年全国总抚养比为 36.1%，少儿抚养比为 22.5%，老年抚养比为 13.7%；而福建省分别是 31.8%、20.9% 和 10.9%。第二，还存在老年人口或接近老年的人口流出。第五次全国人口普查时常住人口为 3410 万人，其中 40～49 岁的占 12.53%，合 427.27 万人；第六次全国人口普查时常住人口为 3693 万人。第五次全国人口普查时 40～49 岁的人口到了第六次全国人口普查应该相当于 50～59 岁的人口，应占人口比率 11.57%（不考虑死亡率），但实际只有 11.06%（见表 II-1），相差 0.51%。国家统计局网站人口年龄结构表中 15～64 岁是合在一起的，故无法估算 50～59 岁年龄段的死亡率。按生活经验，这个年龄段的死亡率不会高达 0.51%/11.06%=4.61%。这 18.83 万人除了少部分死亡以外，其余的估计是回家乡去了。第三，随着福建省社会经济的发展、科学技术的进步，资本相对价格将下降，工业的自动化程度将提高，单位工业产值对劳动力，特别是技术水平较低的劳动力的需求将明显下降，相应的就业人口将会大概率转移到第三产业。

（7）应当加强医疗和医疗教育投入。在迈入小康社会后，医疗将越来越重要。其余医疗改革应该主要是在全国性的框架下进行。

II.1.2 从环境生产看

（1）提高森林生产力，改善林分结构，进一步发展林下经济等林业经济。福建省的森林覆盖率全国第一，这是好事。但是以林地面积的对数等和 GDP 的对数做线性回归，两者呈现负相关关系。这种表象说明林地对经济的支撑作用较低，暗示着有进一步提高林地效率的可能性。

（2）持续开展流域治理，逐渐处理好面源污染问题；控制生活污水、生产污

表Ⅱ-1 福建省人口年龄构成表（%）①

年龄组	1990 年			2000 年			2010 年			2012 年			2013 年		
	合计	男	女	合计	男	女	合计	男	女	合计	男	女	合计	男	女
总计	100.00	51.36	48.64	100.00	51.53	48.47	100.00	51.46	48.54	100.00	51.39	48.61	100.00	51.36	48.64
0~4 岁	11.28	5.91	5.37	4.76	2.63	2.13	5.77	3.20	2.57	5.80	3.14	2.66	5.73	3.05	2.68
5~9 岁	10.35	5.35	5.00	7.44	4.07	3.37	5.03	2.73	2.30	5.36	2.93	2.44	5.54	3.04	2.50
10~14 岁	9.84	5.07	4.77	10.80	5.59	5.21	4.67	2.55	2.12	4.58	2.49	2.09	4.62	2.51	2.11
15~19 岁	11.00	5.63	5.37	9.77	4.91	4.86	7.63	4.03	3.60	6.00	3.23	2.77	5.38	2.93	2.45
20~24 岁	10.78	5.43	5.35	8.95	4.51	4.44	10.62	5.32	5.30	10.02	5.07	4.94	9.52	4.86	4.66
25~29 岁	8.91	4.51	4.40	10.60	5.43	5.17	8.94	4.50	4.44	9.23	4.64	4.60	9.46	4.74	4.72
30~34 岁	7.57	3.93	3.64	10.11	5.18	4.93	8.26	4.23	4.03	8.08	4.11	3.98	8.10	4.10	4.00
35~39 岁	6.89	3.56	3.33	8.34	4.28	4.06	9.77	5.01	4.76	9.20	4.72	4.48	8.86	4.54	4.32
40~44 岁	4.73	2.55	2.18	6.49	3.38	3.11	9.29	4.75	4.54	9.76	4.98	4.78	9.72	4.96	4.76
45~49 岁	3.61	1.98	1.63	6.04	3.11	2.93	7.54	3.85	3.69	8.59	4.39	4.20	8.57	4.37	4.20
50~54 岁	3.67	1.99	1.68	4.13	2.21	1.92	5.76	2.98	2.78	5.38	2.75	2.62	6.08	3.10	2.98
55~59 岁	3.35	1.77	1.58	3.02	1.63	1.39	5.30	2.68	2.62	5.70	2.89	2.81	5.81	2.96	2.85
60~64 岁	2.95	1.52	1.43	2.87	1.52	1.35	3.52	1.83	1.69	4.06	2.07	1.99	4.35	2.20	2.15
65~69 岁	2.10	1.01	1.09	2.49	1.26	1.23	2.47	1.29	1.18	2.71	1.40	1.31	2.76	1.42	1.34
70~74 岁	1.44	0.63	0.81	1.99	0.96	1.03	2.16	1.09	1.07	2.12	1.08	1.04	2.07	1.05	1.02
75~79 岁	0.90	0.34	0.56	1.23	0.53	0.70	1.64	0.77	0.87	1.80	0.84	0.96	1.78	0.84	0.94
80 岁及以上	0.63	0.18	0.45	0.97	0.33	0.64	1.63	0.65	0.98	1.61	0.66	0.94	1.65	0.69	0.96

注：1990 年、2000 年及 2010 年为人口普查数，2012 年和 2013 年为人口抽样调查数

① 福建省统计局. 福建省统计年鉴[EB/OL]. http://www.stats-fj.gov.cn/tongjinianjian/dz2014/index-cn.htm. [2015-7-4].

水的排放量，缓解、解决水质性缺水和区域性缺水问题。福建省的水系相对独立，绝大多数流域都在本省内。流域的大小不一，有横跨数个设区市的流域，也有只在本县域甚至本镇域的流域。流域的面源污染可能比较严重。在福州市区最高峰鼓山边的鼓岭调研时，发现当地水井的水是绿色的，也就是有藻类，意味着水体含有一定的营养物质。在几乎是全福州市区海拔最高的地方，水井中的营养物质是从哪里来的呢？很大可能是农田肥料的面源污染，另外，降水也可能补充氮元素。区域性缺水问题也值得重视，尤其是沿海部分地区及岛屿的淡水供应比较紧张。至于控制生活污水、生产污水的排放，这些工作都在做，因为对具体情况不够了解，不多说。

（3）大气环境的研究比较薄弱，应加快推进大气污染物来源的源分析。交通源的比重有不断攀升的趋势。对其他类别的大气污染源的控制应该是比较有力的。

（4）固体废弃物方面主要是生活垃圾填埋场和焚烧场选址或扩建比较困难。这似乎是全国性的问题，福建省目前还好，没有爆发激烈的群体性事件。危险废弃物相对比较麻烦，选址、处理好与所在地公众的关系是值得注意的。

Ⅱ.1.3 从物资生产看

（1）粮食需要从省外大量调入，涉及数量方面的食品安全问题。因此，全国粮食安全体系中福建省的具体策略是重要的。2013年粮食生产664万吨，折合人均每年176公斤[①]，自给率不到一半。但是，海产品产量较高，达到人均每年152公斤。水产品、海产品、水果、蔬菜则可以立足本省。

（2）生态种植、养殖的程度在逐步改进，即存在质量方面的食品安全问题，应当采用追溯制、口碑、熟人社会、普及农产品质量知识等方式控制化肥、农业、保鲜剂、激素等的使用。只有这样才能提高农产品的价格，保证食品安全，兼顾农民的利益和居民的健康。完全有机的产品亩产太低，搞一点可以，但福建省人口密度这么高，估计难以全面推开。足够好的、质量稳定的生态产品应该就可以了。目前有些成功的案例。

（3）部分品种存在种植面积过大，和其他省同类产品竞争处于劣势，应当调整结构。例如，今年（指2015年）我省的荔枝产量大，但较迟，而海南的荔枝5月就布满果品市场了。这是导致福建省荔枝严重滞销的重要原因。

（4）农业最大的问题或许是未来如何保证农民的收入。农民的收入不能较大幅度低于城镇居民。现在农村人口还不少，2013年，农村从业人口有616万，占总人口的16.3%、就业人口的35.2%。与发达国家的数值比，高出较多。应当保证农村就业人口的收入，有以下几个方面。一是直接提高农业效率，包括产量和

---

① 1公斤=1千克。

品质，特别是品质，前面说过了。二是估计农产品总体价格还会上涨两三倍左右，应该会高于美国农产品的价格，低于或接近日本农产品的价格。按作者个人在美、日访学自理伙食的经验，现在农产品的总体价格是美国的 30%～50%，日本的 25%～40%。未来农产品价格涨两三倍的话，如果农村就业人口不变，收入大概也只能涨两三倍，比不过其他行业收入的增长，这样，农村就业人口的收入是不够高的。例如，我们现在早市或菜市场里很多小摊贩，一天卖 200 斤[①]菜，一斤盈利 1 元，共盈利 200 元，一个月 6000 元，够生活。到就业人口月均人收入 2 万元的时候，小菜贩一斤要盈利三四元，就没法和超市竞争了，所以这种职业的就业人数以后会减少，乃至趋于消失。此外，食品价格再涨的话，进口、走私的压力较大，可能会导致食品自给率下降，数量安全的问题就会更严重。所以还应该注意第三点，即进一步促进农业人口向第二产业、第三产业转移，促进规模经营，获取规模效益，间接提高农业效率。为了促进未来农村就业人口的转移，一方面应当抓教育减少低教育水平人口；另一方面应当在"招大商"的同时允许、甚至鼓励一些劳动密集型行业的存在和发展。

（5）第二产业方面，国家的战略是要从制造大国到制造强国，《中国制造 2025》说得很多很细。对于福建省来说，制造背后的核心技术的研发应当也是很重要的，所以可以考虑和前面说的教育结合起来，作为长期战略。

（6）第三产业是为第一产业、第二产业、（其他）第三产业服务的三产，所以从大的战略来看，如果第一产业、第二产业没跟上，直接拔高第三产业作用有限，甚至可能有副作用。

Ⅱ.2　从四种关系看

Ⅱ.2.1　从人与人的关系看

（1）人与人的关系的核心是利益的分配。福建省的收入分配也存在不平等问题。2013 年全国的基尼系数为 0.473[②]，毋庸置疑，这个数值不算低了。福建省统计局未公布全省的基尼系数。总体感觉，中部、南部沿海和其他地区之间，行业之间存在较大的差异。

（2）教育的均等化，前面已经说过了。

（3）现代化的过程可以考虑适时开展"新福建人"之类的活动。在有些农村，家庭、家族观念还较强。在有些城市，社区意识不算强。在一些地区，方言普遍

---

① 1 斤=0.5 千克。

② 新华网. 国家统计局：2013 年全国居民收入基尼系数为 0.473[EB/OL]. http://news.xinhuanet.com/2014-01/20/c_119040570.htm. [2014-01-20].

使用，当地人比外地人更有机会。

（4）在利益分配上，流通环节的利润似乎偏高。一些在国外很普通的外资或合资超市有成为高端消费超市的趋势。这似乎也表明其他中小型超市在产品质量上存在不尽如人意的可能性。这个环节的利润如何调整，有国外的经验可以借鉴。但现在主动大幅度调整的时机应该还不是很成熟，如果超市的价格足够低，小摊贩的生存空间可能就变狭窄了，短期内可能引起较大数量就业调整问题。

（5）加强监督是依法治省的重要保障。法律是调整人与人关系的主要手段。稳定的法使得社会的交易成本降低，有利于社会经济的持续发展。在日常生活领域，法治相对稳定，但在转型社会的经济、社会等管理领域，由于不断有新的问题产生，使得需要有新的管理规章乃至法律的保障。

Ⅱ.2.2 从人与自然的关系看（整体性视角）

（1）从文化上看，天人合一观在福建省还是有很强的民间基础。佛教、道教、妈祖信仰、民间信仰（不少带有道教性质）在福建省占主流地位。基督教、伊斯兰教也有一定数量的信徒。应当注意避免宗教迷信和宗教异化对人的控制。应当引入更多分析性思维和实证理念甄别、发展中草药、"土"食品市场，减少、消除伪劣产品，促进科技发展和社会诚信。

（2）从物质上看，人与自然环境的关系在环境生产中已经谈过了。

Ⅱ.2.3 从人与自然的关系看（分析性视角）

从文化上看，科学精神还有待提升，应当有更多精益求精的"犟"、"钻牛角尖"精神、工匠精神。分析、实证的观念还不是十分深入人心。"想当然"的想法和做法还有一些。有的人爱说"蛮去"，意思是"差不多就好"。"蛮去"在人与人的关系方面有利于社会和谐，如果迁移到做事上则不利于能力的提升、产品或服务品质的提高。

从实体上看，如前所述，可以考虑建设世界一流的工程技术类大学。

Ⅱ.2.4 从人与自身的关系看

（1）应当持续加强医疗、医保、食品安全、环境保护等方面的工作，进一步落实到位。2013 年年初，我写了一篇文章，说从社会心理的角度看，我国公众的主要需求在安全需求，特别是医疗、食品安全、环境等方面。这两年来，食品安全问题比以前有较大的好转。主要需求正逐步迈向归属与爱的需求。不久前，索马里撤侨时，华侨、网民发自肺腑的高度赞美，正是在安全感基础上的强烈归属感！但食品安全、环境保护等问题是长期以来的问题，可能还需要较长时间才能解决。

（2）经济方面的安全感，主要是明确的产权。至于怎么搞，作者在这方面调研得很少，没什么具体的见解。但从安全感的角度看，有一点应该是明确的：各类产权搞清楚了，安全感才有充足的保障，社会心理才会较全面地上一个台阶。换言之，产权改革不好搞，但又不得不搞。

Ⅱ.3　从物质流、能量流、信息流、意识流视角看

Ⅱ.3.1　从物质流视角看

（1）物质流主要包括公路、铁路、机场、码头等设施，以及运载的人、货。用各县通车里程的对数值、到最近集装箱码头的运输单价的对数值等与 GDP 的对数值做回归，发现通车里程与 GDP 的相关性较弱，而到最近集装箱码头的运输单价和 GDP 的相关性较强。这意味着现阶段海运是重要的，但是，并不意味着县域内的通车里程没意义，而更可能是各县域的通车状况已经基本较好了，基本不制约经济的发展。因为没有铁路的数据，希望以后条件具备时，可以进一步分析。

（2）在未来，城市之间通道很多，所以有没有通道应当不会成为制约因素，但通道的流动成本可能成为制约因素。航空业快速发展，现在高铁又开始密布，地铁也修了不少。所以，通道有很多了，速度也越来越快。可能应当梳理下各通道的运输成本、运输时间、调整的可能性与必要性等，如国家铁路和地方铁路收费标准不一等。渝新欧铁路的要害就是协调、控制运输成本，使得用铁路运输中档货物比用水（海）运便宜，节省了时间，提高了效率。

（3）城市交通，尤其是公交系统和自行车道，应当考虑进一步便利化、人性化、尊重化。

（4）物流方面，发展跨境电商很有优势。

Ⅱ.3.2　从能量流视角看

（1）煤肯定要从外部调入了。煤电烟气中的 $PM_{2.5}$ 是个大问题，全球性的。应当寻找解决办法。

（2）电力方面，除煤电外，未来福建省有核电做基础电力，火电、水电调峰，估计问题不大。

（3）烹饪基本都用气了，兼用薪材，少量用煤。城市里可能要转向天然气，部分工业以天然气为主，依靠西气东输、LNG 多管齐下，也能基本满足需要。

（4）成品油方面，因为有联合石化、中化，也比较有保障。油品质量以后也会不断提高，对空气质量的影响应当可以控制。

Ⅱ.3.3　从信息流视角看

（1）3 个产业都有个信息化的问题。所谓信息化，是通过对人与物的相互关

系，以及其中的物与物的相互关系的准确或更高概率的把握，提供便利、高效的产品或服务，更好地满足人或组织的需求，实现高值产出。互联网+、德国工业4.0、美国的互联网 2.0，都包括信息的获取、存储、传播、利用技术及相应的软件和硬件支撑。现在我们的互联网+，偏商业。德国工业 4.0，偏工业。美国的互联网 2.0，似乎更综合些。例如，Google 的无人驾驶汽车、物联网，把大数据、工业、商业都结合在一起。有人说，德国的工业 4.0 没准要给美国的互联网 2.0"打工"，看来不是不可能。但是，互联网 2.0 这种大手笔，我们能不能全面跟上？似乎在制造业上还有欠缺？如果全力去跟，跟不上会不会反而起到拔苗助长的副作用？或者只用技术，不全力跟核心技术？这些主要涉及国家战略。但福建省应当也有可为之处。还有就是自动化，包括机器人。这些都回到在福建省建一流工程技术大学的建议。

（2）城市里"全球眼"系统已经相当完善。

Ⅱ.3.4 从意识流视角看

（1）宣传、落实社会主义二十四字核心价值观是一项长期的任务。法治、民主都带有社会资本（社会学意义上的社会资本，不是指民间资本）性质，不是一蹴而就的，应当需要长期的培育。

（2）继续推进分析、实证精神的普及。在精神文明领域避免邪教、迷信的扩张。

（3）甄别、发掘、保护、传承传统文化中的优秀因素。

Ⅱ.4 从区域间联动、合作视角看

福建省对台有地理上的优势。但从合作上看，并没有绝对优势。昆山、东莞、上海，乃至重庆等是福建省对台合作的有力竞争者。福建省可以说是台商进入大陆的第一站，这个优势如何继续发扬光大？个人觉得，主要还是人力资本问题。

福建省有华侨优势。也可以打"侨牌"。"侨牌"和"台牌"并不矛盾，平台做大了，可以互相促进。

福建省应当可以进一步拓展与浙江、江西、粤北的互动，包括干部交流等。

Ⅱ.5 对福建省省内各区域的一些想法

对有所了解的区域谈谈自己的想法。

（1）福建省经济较发达的地区是福厦漳泉，主要影响的经济地理要素是平地面积和海运条件。做过一个模型，各县、（县级）市、区的城镇工矿用地和到最近的集装箱码头的货运单价（40 柜）可以解释 GDP 大约 86%的变化。

（2）在过去的一些年里，福州市主要向闽侯方向发展。现在，闽侯基本上没土地了。马尾是狭长形的，土地也十分紧张。未来的发展方向是福州新区，即连江、琅岐、长乐一带，这一带可以多发展第二产业。应当逐步提高福州市的土地利用率。但是城市的密集是有代价的，主要是热岛效应和级差地租。楼是否可以高一些，但是楼距不能太小，否则热岛效应比较显著？而且江两边高楼林立，把江风都挡住了，离江远的地方更热。还有，高楼的建设费用、使用费用都比低楼来得高，所以高密度的城市还是得有产业支撑才行。

马尾自贸区是狭长形的。搞工业需要不高的厂房，厂房面积一大，就不好办。但是如果做跨境电商等第三产业，每家企业不一定很大，可以在高楼里，就可以在一定程度上缓解土地紧张的问题。

琅岐自贸区，省内的物流进去再回到省内其他地方，徒增运输成本，不一定有优势。但是，如果是海运的物流进来，加工、分装，再到省内；或者反方向，都不增加成本；相反，由于琅岐现阶段地价较便宜，有竞争力。琅岐岛的主要问题是缺水，虽然被闽江环绕，可是不是淡水，不好用。去年冬季岛上自来水两天才供一天，缺水严重，正在引起重视。

如前所述，可以考虑在琅岐或宁德市建大学。

（3）宁德市靠海，但是十分缺乏平地，沿海优势难以充分发挥。怎么办？一是发展海洋经济，向海洋要效益，如远洋渔业、海洋牧场。二是应当适当增加平地面积，经济（包括海洋经济的发展）才有支撑点，才能出现集聚效应。三是可以考虑在靠近福州市的地方建设一流大学，有机场、有动车，交通没问题。这个是长久之计。毕竟平地太少，需要高科技支撑社会经济发展；要么就是农业人口持续往宁德市外迁移，这回过头又涉及全省流动人口的教育问题。

污染物的跨界转移问题可能还较容易影响到宁德市。污染物，尤其是海洋污染物，跨界转移到宁德市怎么办？如霞浦县境内南部的东吾洋，一旦被污染，通过海水，要15～20年才能将污染物交换出去一半。

（4）南平的经济总量在全省是最低的，不靠海，平地少。原来还有水运，现在基本都停了。所以打旅游牌、发展平地多的新区是好的。就是未来能聚集多少要素还没底。作为闽江中上游地区，保护水质的任务很"硬"，所以选择第二产业时很慎重。相应地，是不是能多一些生态补偿？

附录Ⅲ　关于环境社会系统研究方法论的思考

"工欲善其事，必先利其器。"研究的方法论是研究的重要基础。有关环境社会系统的研究也不例外。

作者曾经试图以"必然地得出"来理解环境社会系统中不同目标之间存在着矛盾的内在逻辑，但是一直没有答案。直到一次和一位逻辑学的研究生聊天的时候，作者持续地追问："我们该怎么处理一个存在逻辑矛盾的体系"，他终于想起"弗协调逻辑"这个关键词。于是，作者放弃了完全使用传统演绎逻辑来理解和发展有关环境社会系统的理论的可能性。在人类的生存空间从"'空'的世界"到"'满'的世界"[①]的时代，对环境问题的社会根源及解决方式的正确认识依赖于多学科的综合，由于各个学科的逻辑出发点不尽相同，因此，关于环境社会系统的研究方法也正从简单走向复杂，从线性走向非线性，从似乎完全符合逻辑到不可能完全符合传统逻辑。

Ⅲ.1　方法的多样性

环境管理是一门涉及多学科的、具有交叉性的边缘科学。在这个过程中，我们可能使用多种研究方法来描述研究的对象。"单一的模型（描述）"不可能是复合系统（真实世界）充足的描述。理论上说，由于对真实世界有许多方面的理解，所以可能有很多种建模或描述的方式。任何一种模型或描述只为一个目的服务。比如地图就有许多种类。"[②]

从描述对象的结构层次的方法来看，主要有自上而下（top-down）和自下而上（bottom-up）两种。自下而上的方法让我们从微观尺度上对系统的结构有深入的了解，如果方法和手段得当的话，所得的结果可以用来解释系统宏观层面的现象。自上而下的方法则从宏观入手，主要用来解释宏观的现象。宏观的解释也可能反过来促进对微观现象的理解。经济学的两大重要分支——宏观经济学和微观经济学就是很好的例子。再如，在社会学的学科体系中，也存在所谓的宏观社会

---

① Daly H E，Farley J. 生态经济学——原理与应用[M]. 徐中民，张志强，钟方雷等译校. 郑州：黄河水利出版社，2007：82.

② Garnsey E，McGlade J. Complexity and Co-Evolution：Continuity and Change in Socio-Economic Systems[M]. Cheltenham，UK：Edward Elgar Publishing Limited，2006：112-113.

学和微观社会学的划分方式。此外，宏观和微观视角的衔接与统一一般都是相关学科的重要研究领域之一。

从研究中使用的逻辑方法的角度说，有演绎逻辑和归纳逻辑两种。归纳逻辑是以一系列的经验为基础，从中找出共同规律，并假设同类事物也服从这些规律的认知方法。例如，热力学第一定律、第二定律是在大量的第一类和第二类永动机的实验失败后总结出来的。归纳法的软肋之一是休谟问题——也就是归纳的合理性问题；换句话说，归纳法本身就是归纳的结果，相当于存在循环论证。演绎逻辑则是从一定的前提按照归纳得到的逻辑规律推出结论的方法，它在各个学科中都有广泛的应用。演绎逻辑一直遵从亚里士多德以来的传统，其本质就是"必然地得出"。[①]演绎逻辑的弱点之一是必须以一定的基本原理为前提。这些前提不能被演绎逻辑证明错误或正确，除非引入更基本的原理。可见，演绎逻辑和归纳逻辑的方法并不是全无弱点的。因此，在科学研究中，除了逻辑的方法以外，灵感、联想等方法自有其存在的合理性。

从涉及的学科的角度来看，环境管理既需要使用社会科学的研究方法，又需要使用自然科学的研究方法。环境管理涉及经济、社会和环境等多个领域，在环境和经济领域的方法偏自然科学的多一些；而在社会领域，主要使用的是社会科学的研究方法。

总的来说，在环境管理的研究中，必然存在着对研究方法的多样性需求。而研究方法之间可能存在差异，往往让人迷惑，一直以来，如何协调使用这些研究方法是环境管理研究者的重要课题之一。此外，随着自然科学和社会科学的快速发展，许多学科的研究成果可以为环境社会系统研究提供方法论的借鉴。

III.2 目标的多样性以及多目标系统中两个变量同时最大化的可能性

环境管理面对的是环境社会系统。环境社会系统作为一个复合巨系统，具有多种目标和功能。一般来说，其主要目标包括 3 个。第一，环境目标，即人与自然和谐相处。第二，社会目标，实现社会公平，人与人和谐相处。第三，经济可持续发展。为了实现多个目标，就政策手段来说，是否需要多种手段呢？荷兰经济学家、诺贝尔奖获得者 Jan Tinbergen 提出了这样的原则：每一个独立的政策目标必须有一个独立的政策手段。[②]按我们的理解，这里所提到的每一个独立的政策手段可能包含一系列政策，也就是说，一个独立的政策手段是若干相关政

---

① 王路. 逻辑的观念[M]. 北京：商务印书馆，2003：19.

② Tinbergen J. 见：Daly H E, Farley J. 生态经济学——原理与应用[M]. 徐中民，张志强，钟方雷，唐增，程怀文译校. 郑州：黄河水利出版社，2007：255.

策的集合。这样，多个目标需要相应有多个政策集合，这些政策之间是否可能存在矛盾呢？

让我们回溯到索福克勒斯（Sophocles）的悲剧名篇《安提戈涅》。①俄狄浦斯离开他的王国后，他的一个儿子继承了王位。另一个儿子波吕尼刻斯则带着外援回来攻打城邦，争夺王位。战争中，两个儿子同时阵亡。新继位的国王克瑞翁厚葬了前国王，而以波吕尼刻斯犯了叛国罪为由禁止任何人下葬他。但是波吕尼刻斯的妹妹，克瑞翁儿子的未婚妻安提戈涅不顾国王克瑞翁的禁令，仪式性地安葬了波吕尼刻斯。她的行为被发现后，被克瑞翁关在一座石洞里，最后自杀而死。而国王克瑞翁也遭致妻子和孩子双亡的命运。

这一悲剧引发了后人许多的哲学思考。其中包括黑格尔、克尔凯郭尔等。以黑格尔的分析为例。黑格尔认为，安提戈涅和克瑞翁分别代表了家庭伦理和国家伦理："国家的公共法律与亲切的家庭恩爱和对弟兄的职责处在互相对立斗争的地位。女子方面安提戈涅以家庭职责作为她的情致，而男子方面国王克瑞翁则以集体福利作为他的情致。"②

从克瑞翁与国家伦理实体这一方面来看，黑格尔反对将克瑞翁的个人因素带入悲剧分析，他强调克瑞翁代表的是一种伦理实体，所以在黑格尔看来，克瑞翁不是一个"暴君"，他颁布禁令是为了维护城邦稳定和法律权威，代表国家伦理力量："克瑞翁并非暴君，而同样是伦理力量。克瑞翁并非失当：他要求尊重国家之法，尊重王权的权威——如敢藐视，则遭惩罚。"③

在这个悲剧涉及的社会系统中，实际上至少存在两个目标，一个是代表国家利益的世俗权威，一个是代表亲情的自然感情。这两个目标通过不同的制度，以无论是正式的还是非正式的制度来实现。但是制度之间发生了冲突，安提戈涅不接受克瑞翁的世俗的权威，克瑞翁藐视了安提戈涅遵从的自然法，从而导致了悲剧。

再从理论上来看，多目标系统中同时使两个变量最大化是不可能的。

古典经济学制定政策典型的思路之一就是写出目标函数及其约束条件，然后通过求出最优解（通常是最大值），以此作为制定政策的依据。在自然-社会-经济复合系统中，存在3个一级子目标，这意味着如果要形式化这个系统，至少需要3个变量。我们能否同时使这3个变量达成最大呢？答案是否定的。

冯·诺依曼和摩根士特恩的理论研究④表明，数学上使两个或两个以上的变量同时最大化是不可能的。

---

① 索福克勒斯. 古希腊悲剧喜剧全集第二册[M]. 南京：译林出版社，2007.

② 黑格尔. 见：张振华. 试论黑格尔《安提戈涅》解释[J]. 同济大学学报（社会科学版），2007，18（4）：1-6.

③ 魏庆征. 宗教哲学讲演录[M]. 北京：中国社会出版社，1999：548.

④ 冯·诺依曼，摩根士特恩. 加勒特·哈丁. 公地的悲剧[A]. 见：赫尔曼·戴利，肯尼斯·汤森. 珍惜地球——经济学、生态学、伦理学[C]. 马杰，钟斌，朱又红，译. 范道丰校. 北京：商务印书馆，2001：146-166.

加勒特·哈丁①还以人口和单位人口拥有的物品为例直观地说明了人口的最大化必然导致单位人口拥有的物品量下降，换言之，两者不可能同时最大化。

这些意味着，对环境社会系统的管理者来说，简单的经济系统最大化的思路极有可能损害另外两个子系统的目标的实现，从而带来灾难性的后果。所以，人们有时不得不在艰难的条件下把经济目标、生态目标和社会目标集成为总目标。实际上，答案很明确了：我们只能实现合适的总目标，也就是说，只能有均衡的总目标，而不可能有使得各个子目标最大化的总目标。

Ⅲ.3 哥德尔不完全性定理、归纳逻辑及演绎逻辑的局限性

如前所述，演绎逻辑一直遵从亚里士多德以来的传统，其本质就是"必然地得出"。②演绎逻辑的弱点之一是其前提不能被演绎逻辑证明错误或正确，除非引入更基本的原理。哥德尔不完全性定理对此做出了有力的说明。在 19 世纪末和 20 世纪初的那段时间里，数学家试图一劳永逸地解决数学的逻辑基础问题。大卫·希尔伯特于 1900 年（David Hilbert）提出了"算术公理的无矛盾性"问题。但是 1931 年，哥德尔（Gödel）对该问题给出了否定的证明，这就是著名的哥德尔不完全性定理。哥德尔不完全性定理实际上有两个定理，第一定理是说，以一阶谓词逻辑的形式语言陈述皮亚诺公理（自然数定义＋数学归纳法）的一致性的形式系统中，存在一个句子，该句子在系统中不可证，所以这个形式系统是不完全的。第二定理是说，该形式系统的一致性不能在系统内获得证明。哥德尔不完全性定理明确、有力地指出了公理化方法的局限，从根本上否定了排中律的有效性。以前我们坚信一个命题非真即假，但哥德尔不完全性定理指出，有些命题既不能被证明，又不能被证伪。也就是说，对任何形式的系统都存在着不可判定的命题。哥德尔第二定理还暗示着通过寻找新的公理，或者说假定、假设，可以证明原有系统的一致性。③

寻找新的公理、假定或者假设的过程，实际上是构建新的理论系统的发端。归纳法可以给这个过程提供帮助。一般来说，演绎逻辑的前提都直接或间接地来源于归纳法。但是归纳法的另一个缺陷是它并不能保证我们得到所有的、正确的前提或公理。因此，我们还可以通过联想、灵感、顿悟等方法来获取知识。

对环境社会系统的相关研究来说，其研究正是在新的社会发展阶段，在新古典经济学以来的经济思想不得不面对环境资源的强人约束时，寻找新的公理、

① 加勒特·哈丁. 公地的悲剧[A]. 见：赫尔曼·戴利，肯尼斯·汤森. 珍惜地球——经济学、生态学、伦理学[C]. 马杰，钟斌，朱又红，译. 范道丰校. 北京：商务印书馆，2001：146-166.

② 王路. 逻辑的观念[M]. 北京：商务印书馆，2003.

③ 周昌乐. 从哥德尔定理看禅宗的元逻辑思想 [J]. 重庆大学学报（社会科学版），2005，11（4）：59-62.

假设及假定，或者将人类已有的、处在不同系统中的公理、假设及假定有选择地、合理地整合到一起的过程。在此过程中，我们必须给予研究方法的多样性以足够的重视。既要使用西方传统逻辑分析的方法，又要结合东方整体性思维方法。如何有机、艺术地使用这些方法，还需要进一步的研究和实践。现有成果中，马世俊和王如松[①]的《社会-经济-自然复合系统》与叶文虎和陈国谦[②]的《三种生产论：可持续发展的基本理论》等研究就是综合运用多种研究方法的典范。

Ⅲ.4 矛盾律在局部失效——弗协调逻辑

传统的演绎逻辑服从矛盾律。也就是说，如果 A 为真，那么¬A 一定为假。在研究自然语言的过程中，发展起来了新兴的非经典逻辑。其中"弗协调逻辑"（paraconsistent logic），又译作"超协调逻辑""次协调逻辑"，是非经典逻辑的一个重要分支。在这个逻辑系统里，矛盾律和反证法不普遍有效，也就是说，A 和¬A 可以在一定范围内同时成立。弗协调逻辑是在对一些矛盾但是有意义的悖论，如无穷小悖论、道义两难等的思考中，由达·科斯塔创立的。弗协调逻辑是人类思维的一个大胆飞跃，它通过否定"矛盾律"的普遍有效性，在系统里面引入 "不一致"。[③]

目前，弗协调逻辑已经获得广泛的应用。其中，包括元伦理学中的道义冲突问题、语义学（semantics）、认识论（epistemology）、大型数据库的管理等。

对于环境社会系统来说，总的目标是实现整个系统的可持续发展。但是，如果把环境社会系统分解成若干个子系统，如从物质流的角度，将其分解成人的生产、环境生产和物资生产这 3 个子系统的话，3 个子系统的目标之间是存在矛盾的。物资生产子系统主要遵循经济规律，而经济自身的惯性是经济的快速发展，不会主动去考虑资源与环境的承载力，也不会主动去考虑人的生产子系统内存在的社会公平等内容。如果单纯按照物资生产子系统的逻辑运行，就必然导致环境社会系统内部的环境资源问题、社会公平问题，进而影响到另外两个子系统的健康运行，最后导致整个系统的困境。20 世纪 60 年代出现的大量环境问题正是由于物资生产子系统的过度扩张而导致的，事实上，这个子系统还在不断扩张，导致全球二氧化碳排放难以有效控制等全球性生态环境问题。

总之，可以进一步研究把弗协调逻辑引入到环境社会系统学中，做为其方法论的逻辑学基础。

---

① 马世骏，王如松. 社会-经济-自然复合生态系统[J]. 生态学报，1984，4（1）：1-9.

② 叶文虎，陈国谦. 三种生产论：可持续发展的基本理论[J]. 中国人口·资源与环境，1997，7（2）：14-18.

③ 余俊伟. 什么是弗协调逻辑[J]. 北京科技大学学报（社会科学版），2001，17（2）：13-16.

Ⅲ.5 阿罗不可能性定理

孔多赛（Condorcet）于 1785 年提出了孔多塞悖论。有 3 位候选人，分别记为 x，y，z。有三位选民，分别记为 I，J，K。让三位选民从三位候选人中选出一位。用 1、2、3 表示选民对候选人的偏好次序，见表Ⅲ-1。

由表Ⅲ-1 可知，三分之二的选民认为 x 比 y 好，三分之二的选民认为 y 比 z 好。依照平时的经验，这种偏好应该具有传递性，也就是说 x 应该比 z 好。可是，由表可见，也有三分之二的选民认为 z 比 x 好。于是，通过投票就无法确定选举结果。

表Ⅲ-1 选民偏好次序表

	x	y	z
I	1	2	3
J	2	3	1
K	3	1	2

阿罗在孔多塞等的研究基础上，利用逻辑学和数学工具，证明了如果备选对象的数目大于等于 3 时，不存在符合完全性公理、传递性公理和下面 4 个条件的社会福利函数。

社会福利函数（又称社会福祉函数）是根据社会中每个个体的偏好得到社会整体的偏好的规则。如果能够得到这个函数，就可以根据这个函数指导政策选择。完全性公理即对于任意两个备选对象 x、y，或者 $x \geqslant y$，或者 $y \leqslant x$，两者中必有一个成立。传递性是指若 $x \geqslant y$，$y \geqslant z$，则 $x \geqslant y$ 成立。

4 个条件是指：备选对象（相当于候选人）无限制性定义域（简写为 U）、弱帕累托（Pareto）原则（即所有的成员都认为 x 严格优于 y 的时候，那么 x 严格优于 y，简写为 WP）、独立性（即每个选民的选择与他人的选择无关，简写为 I）及非独裁原则（简写为 ND）。[①]

阿马蒂亚·森（Amartiya Sen）等认真地研究了阿罗不可能性定理的成立条件，通过放松信息约束，引入效用函数，允许效用水平的人际比较（利用序数效用）或者偏好强度的人际比较（利用基数效用），解决了阿罗不可能性定理的困境。此外，在公众选择存在博弈行为时，阿罗不可能性定理也不成立。[②]

---

① 陈向新，王则柯. 阿罗不可能定理溯源[J].自然杂志，1993，（7）：64-67.

② 周海欧. 揭开社会选择的神秘面纱——从阿罗不可能定理到现代福祉经济学[J]. 北京大学学报（哲学社会科学版），2005，42（5）：166-177.

在环境管理研究中，涉及公共选择的主要有三类情况：第一类是专家集体决策，第二类是公众参与。在这些过程的社会调查过程中，应该注意到阿罗不可能性定理的适用条件，通过条件的选择，避免阿罗不可能性定理成立的情况。此外，在个体的决策选择过程中，如果存在多种需要的话，也可以把每个需要看成是一个选民，因此，加总结果对个体来说也可能是矛盾的。

Ⅲ.6 结语

上述的林林总总并不意味着我们同意不可知论。就弗协调逻辑、哥德尔不完全性定理来说，我们一方面应该看到逻辑的作用，另一方面应该看到逻辑学已经可以通过自身的体系发现自身的缺陷。因此，在涉及复合系统的政策或理论研究体系中应该允许矛盾，但这种矛盾应该是尽量明确的、分析性的，同时又尊重系统整体性的。由于各种研究方法都难免有其缺陷，因此，我们不得不同时向多种方法提出诉求，也就是说需要多样性的视角与方法。不同研究方法给出的多种结果可能让人眼花缭乱，但是可以减少相关决策的风险。作为一种多目标系统，需要多种政策。如何协调多种政策的执行从而尽可能达成系统总目标？这是值得深入研究的。本书认为，要实现这一目标必须从整体论的角度对系统进行研究，这也是本书的主要工作和旨趣之一。

索　引

A

阿罗不可能性定理　/32, 42, 167, 168
安全感　/26, 47, 101, 107, 108, 109, 110, 111, 112, 115, 120, 128, 129, 158, 159
安全需要　/11, 12, 31, 33, 40, 41, 45, 47, 73, 92, 107, 110, 112, 115

B

被解释变量　/20
本体论　/11, 22
必要性　/1, 20, 21, 22, 62, 159
辩证　/105, 106
博弈（论）　/27, 45, 46, 55, 71, 111, 167
不安全感　/47, 109, 111, 114, 115, 119, 128

C

采集狩猎时代　/35, 36, 27, 38, 39, 40, 41, 42, 43
禅　/86, 87, 88
超稳定结构　/83, 84, 85, 96, 100
程序理性　/30

D

道德理性　/28, 29, 45
道家　/3, 92
地理时间　/35
东方文化　/6, 8, 9, 10, 88
动机　/11, 12, 13, 14, 15, 19, 20, 24, 25, 26, 27, 4243, 49, 53, 54, 64, 66, 72, 73, 79,
　　92, 93, 97, 99, 107, 113, 114, 119, 121, 128, 163
动机结构　/24, 73, 113, 114, 128
多样性　/40, 44, 45, 49, 63, 69, 76, 77, 78, 79, 102, 103, 120, 162, 163, 166, 168

E

恩格尔系数　/107, 108
Elinor Ostrom 的多层次框架　/65

F

方法论　/15, 29, 90, 162, 163, 166
分析性　/4, 10, 19, 20, 22, 39, 40, 43, 49, 52, 87, 90, 111, 152, 158, 168
佛家　/46, 87, 92, 158
弗协调逻辑　/162, 166, 168
复杂演化经济学　/29

G

哥德尔定理　/165
个别时间　/35
个体　/4, 11, 13, 14, 17, 22, 24, 25, 26, 27, 28, 29, 31, 32, 33, 34, 43, 44, 46, 53, 54,
　　68, 77, 80, 88, 90, 101, 105, 106, 107, 117, 118, 119, 167, 184
个体需要　/13, 106
工具理性　/4, 33, 38, 40
工业文明　/31, 35, 36, 37, 38, 39, 40, 41, 49, 50, 59, 84
公共（有）资源　/81
公共选择　/26, 2, 168
公理　/3, 16, 166, 167
公众参与　/47, 121, 125, 168
共同体　/105, 107, 117
共同演化　/33, 42, 47, 48, 63, 64, 73, 74, 75, 76, 128
归纳逻辑　/163, 165
归属和爱的需要　/11, 12, 31, 41, 47, 73, 92, 93, 107

H

合理性　/1, 2, 5, 62, 64
核心需要　/101, 107, 108, 110, 112
宏观　/2, 10, 14, 21, 24, 25, 30, 32, 35, 46, 60, 67, 68, 74, 104, 114, 152, 162, 163
环境社会系统　/10, 15, 16, 17, 20, 21, 22, 24, 25, 28, 30, 31, 33, 42, 48, 51, 52, 54,
　　57, 63, 73, 75, 77, 78, 80, 81, 82, 162, 163, 165, 166, 169, 170

T

W

索 引

X

系统论 /85

新陈代谢 /57, 58, 59, 60, 61, 62

新陈代谢的断裂 /57, 59, 60, 61, 62

信息流 /152, 159

需要 /11, 12, 13, 14, 15, 20, 22, 25, 26, 27, 31, 32, 33, 34, 40, 41, 42, 43, 44, 45, 46, 47, 49, 53, 92, 93, 95, 96, 97, 100, 101, 102, 103, 104, 105, 106, 107, 108, 110, 112, 113, 114, 115, 118, 119

Y

演绎逻辑 /162, 163, 165, 166

意识流 /51, 53, 54, 152, 159, 160

原始文明 /35

Z

针灸 /54, 89

真正的共同体 /104, 105, 107, 111

整体性 /3, 4, 5, 10, 18, 20, 21, 22, 30, 40, 43, 49, 52, 54, 62, 63, 83, 84, 85, 87, 88, 95, 100, 111, 152, 158, 166, 168

政策结构 /121, 128

政治理性 /29

知识分子和官僚阶层 /92

知识论 /86, 87

中国传统文化 /9, 10, 89, 169

中国封建社会 /84, 96, 100

中国古代文明 /83, 84, 85, 89, 90, 100

中国文化 /7, 8, 9, 10, 83, 86, 87, 88, 89, 169

中国文明 /2, 7, 83, 89, 128

中医 /54, 89, 90

主观 /3, 26, 68

自然 /2, 3, 4, 5, 6, 9, 10, 13, 18, 20, 21, 22, 23, 24, 31, 32, 33, 36, 38, 39, 40, 41, 42, 44, 45, 48, 49, 52, 53, 58, 59, 61, 64, 85, 86, 88, 90, 92, 93, 94, 96, 100, 101, 103, 104, 111, 125, 152, 158

自然观 /3, 4, 7, 40

后 记

从 2004 年年底准备考博、开始研究环境社会系统以来，到本卷成稿，历时十二年多。付梓之时，算是完成了人生中的一件大事，心头大石消散，难免有些感慨。

敝帚自珍。这本书由博士论文的主要内容、博士后出站报告的主要内容、多年人生感悟的学术化表达汇聚而成。宏观框架研究涉及领域多，难度大，耗神识，收效慢。之所以坚持把它写出来，是对关心、爱护我的老师们的一个交代，也是对自己的一个阶段性的交代。

本书涉及不少中国传统文化的内容。对中国传统文化的兴趣可以追溯到本科期间。华东师范大学是一所美丽的综合性大学。丽娃河畔、宿舍楼下有个书店，其中，各种中西文化书籍让人目不暇接。这些书让人看得似懂非懂，也许正是这种朦胧美，让人十分神往。毕业前夕，有幸认识了中国文化建设专业的一位研究生徐师兄，在他的指点下，对传统文化有所涉猎。

大学期间，托华东师范大学的辅修制度之福，通过了中国计算机应用软件人员水平考试（程序员级，相当于助理工程师级），这在后来，为理解西方文明的进路提供了积极的帮助。

大学毕业后到了福建师范大学工作。长安山麓的闲暇时光多用以学习、体悟中西文化，也和一些同好友人交流。

长安山多相思树，春末夏初，黄花满树，风雨之中，落英缤纷，东南木火之地，其时天气凉热反复。这样的因缘际会，终究在心中孕育出“春来草自青”式的感悟——“一夜风雨遍地黄花春光远，几度冷暖满目轻衫蝉声近”。

还有一个重要的收获是对日本文化的理解。侵华日军的种种暴行、当代日本人似乎又注重礼节、第二次世界大战后日本经济快速增长……这些矛盾的现象使人十分迷惑，引发了我的好奇心。福建师范大学有些年轻教师对日本文化有一定的了解，在他们的帮助下，我看了川端康成、三岛由纪夫、大江健三郎、本尼迪克特等撰写的书籍。福州市有不少人东渡日本，我的一些学生的家长也是其中一员，这些学生在聊天时或多或少会涉及有关日本的一些信息。中国文化和日本文化差别蛮大的，有三五年的时间，这些差异让我充满了文化震惊。脑袋“浆糊”了几年后，渐渐有些明了。“极致是美”的原则就是当时体会出来的。

这些零零散散、貌似互相矛盾的内在知识的积累，在寻求博士导师时，化成了六千字的文化感悟。

在福建师范大学，还获得了化学硕士学位，期间，得到了较好的自然科学思维的训练。

在北京大学，我实现了知识结构的调整和再社会化。

和导师叶文虎先生师生缘深。2004年9月28日，中秋节，为读博而四处寻求名师的我冒昧地造访了先生的办公室，幸运地得到了先生的电话号码，递交了六千字的自我评述。一番波折，蒙先生不弃，得入燕园。"师者，所以传道授业解惑也。"先生以渊博的知识、睿智的眼光、坚毅的精神、豁达的态度指引我在环境社会系统这一庞大的、尚存许多未知的领域中艰难地摸索、前行，有所为而有所不为。德国教育家第斯多惠说："教学的艺术在于激励、唤醒和鼓舞。"先生不仅是知识和研究的导师，也是心智的导师。迷茫时，先生鼓励我；犹豫不前时，先生鞭策我；些许的进步，先生与我同乐。读博期间，经常说的一句话是"也许二三十年后会将它写出来。"意思是说，有点儿想法，想写，又不知道如何下笔。如果没有先生的指导、鞭策和鼓舞，没有先生和研究团队三种生产、两种关系等蔚为大观的积累，这些想法不知要多少年后才敢、才能梳理成文。

中国人民大学的张象枢教授以耄耋之年，十分认真地评阅了本书的部分内容的多阶段稿，给出了许多修改意见；慈师风范，令人感动。

我本科、硕士都是学化学的。作为一名转专业的学生，调整知识结构十分重要。此外，环境社会系统的复合性要求研究者有开阔的知识面。在北大，除了勤修专业课以外，又承学校的开放性传统之福，旁听了经济学、社会学、政治学等学科共30多门课程。老师们扎实的功底、开阔的胸襟、多样的风范让我受益良多。

北京大学提供了很多公共活动的机会。其间，我结识了来自哲学系、心理学系、社会学系、外国语学院、历史系、中文系等不同专业背景的同学。交游之余，有的同学聆听并协助分析了论文的思路，有的阅读了部分文稿并提出基于各自专业的意见，有的则介绍了相关专业的知识和进展；这些都提升了博士论文的质量、丰富了我的视野。

"燕园情，千千结"。感谢北京大学，这光荣与梦想的学校！

福建师范大学是我长期的成长之地和力量之源。

和合作导师李建平先生师生缘深。从北京大学毕业甫回福建省，第一时间冒昧地联系了先生。先生是著名的理论经济学家，那时刚离任福建师范大学校长职位不久。在看了博士论文之后，先生欣然鼓励我申请进站。由于一些规定的缘故，一年后才得以如愿。先生以扎实的功底、渊博的学识、敏锐的思维，时常给我关键性的点拨，把握住研究的方向和质量。学术之外，先生以多年行政工作的丰富经验，指点我做人做事。这些都让我受益匪浅。

感谢流动站李闽榕教授的帮助。在了解了我的研究进展和存在的困难之后，李老师热心地伸出了援助之手。

后　记

教学相长。学生的进步也是教师成长的一面镜子。以生为鉴，可以明得失。福建师范大学，百年老校，有我逝去的青春岁月。

本书的进一步深化需要知识的积累、生活的历练、认真的感悟，这些都需要大量的时间，只能留待来日和时机了。完成博士论文以后，才思枯竭。应该不是文采的问题，而是学识和积累的问题。在多方帮助下，又到北京大学进修社会学。复蒙叶先生支持，给我安排了一个办公桌，于是重新出没于熟悉的办公楼。一天，在楼道里接开水，遇到李文军教授。她惊诧到："你怎么又来了？你不是毕业了吗？"我如实回答说："一个字也写不动了，来补社会学的知识。"当时的情况确实如此，博士毕业后的几百个日夜，只写了一千多边缘性的文字，对于一位研究者来说，能不心急如焚吗？各种补课是有效果的，几年来陆陆续续又写了十几万字。

最后，感谢命运，无论坎坷与眷顾！本书之于我，是众人的关爱和支持，是多年生命感悟的学术表达，是自我实现的有机组成。

甘晖谨识

2017 年 6 月